人文系列丛书

陈原川

走过江南

Zouguo jiangnan

中国建筑工业出版社
China Architecture & Building Press

岁月，打江南走过，梦过……

岛屿纵横一镜中，
天远洪涛翻日月，
谁能胸贮三万顷，
我欲身游七十峰……
中流仿佛闻鸡犬，
春寒泽国隐鱼龙……
何处堪追范蠡踪
——文徵明

踏遍江南南岸山，
逢山未免更留连。
独携天上小团月，
来试人间第二泉。
石路萦回九龙脊，
水光翻动五湖天。
孙登无语空归去，
半岭松风万壑传。
——苏轼

殿前日暮高风起，
松子声声打石床。
千叶莲花旧有香，
半山金刹照方塘。
——皮日休

风声雨声读书声，声声入耳；
家事国事天下事，事事关心。
——顾宪成

落日绣帘卷，亭下水连空。
知君为我新作，窗户湿青红。
长记平山堂上，欹枕江南烟雨，杳杳没孤鸿
认得醉翁语，山色有无中。
一千顷，都镜净，倒碧峰。
忽然浪起，掀舞一叶白头翁。
堪笑兰台公子，未解庄生天籁，刚道有雌雄。
一点浩然气，千里快哉风。
——苏轼

寺有泉兮泉在山，铄金鸣玉兮长潺潺。
作潭镜兮澄寺内，泛岩花兮到人间。
——皇甫冉

江南可采莲，
莲叶何田田。
鱼戏莲叶间，
鱼戏莲叶东，
鱼戏莲叶西，
鱼戏莲叶南，
鱼戏莲叶北。
——汉乐府诗

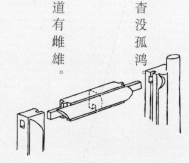

目录

写在卷首

十　岁月 打江南走过　陈原川

本源深读

三五　明式印象琐谈　陈刚

二六　东瀛文人壶　寂莱

十四　半梦斋中糊涂乐　朱方诚

读往会心

四六　研山索远　陈原川

掌故再阅

七四　太湖石记　白居易

七五　游惠山寺记　陆羽

故土晓风

七六　江南兰花季　叶军然

八七　琴为流水我浮云　吴炯

九八　屋小刚容我　孙立

一一二　寻古探幽 守岁月静好　陈学铭

一三三　江南深读

一二七　石／蒲　王大濛

一二三　蓝的绿的灰色　薛雷奇

潮艺解晴

一三四　明韵主义　灵均草堂

一四六　研山拾珠　归云轩主人

精艺承传

一五一　雪寒造园　华雪寒／朱方诚／单羽

一六〇　陶语　行素

围炉杂谈

一六四　文雅与侘寂　余赛清

文心意趣

一七三　岛　车前子

一七六　画梅琐记　章岁青

一八二　颠覆太湖石中的病态美　艺术财经

走过江南，江南是什么样的江南？走过江南又是什么样的走过？

是 贩 卖 着 景 点 名 目 ， 消 费

过往的江南，还是游客丛簇，人如流水，停步拍照地走过？这一切在现今逐渐困惑起来。所幸，在这本《走过江南》

编 写 前 夜 ， 终 于 感 到 一 点 启 发。江 南 是 如 何 走 过？形 色 名 流、凡 俗

从 旁 ， 各 有 虔 诚 、 洒 脱 、 放 空 或 执 着 ， 但

到 如 今 ， 都 已 消 失 不 见 ， 唯 留 下 残 卷

几 分，岁 月 留 痕。岁 月，打 江 南 走 过，雁 过 留 影，我 们 如 何 面 对 这 虚 无 的

历 史 长 河 与 扎 实 的 手 中 触 觉 ，

也 决 定 着 在 这 片 土 地 上 曾 有 的 生 命 以 及 未 来 的 意 义 。

岁月 打江南走过

文 陈原川

艺术与收藏的目的与意义最终是要回归生活，这句话并非是空穴来风。本次实录的一批醉心于明清家具、文玩、紫砂、书画的艺术家便能证明，以他们的收藏以及收藏在生活中的运用，体现出各自不同寻常的生活态度。《走过江南》所实录者有着不同的职业、身份，但有一共同点，陶醉于江南文化，在苏作家具的造型艺术中感知历史，在书画文玩中追索人文气息。这是一个较为特殊的群体，犹如明清的文人一样听着昆曲，欣赏并使用着家具，醉心于自己喜爱的收藏并以此来精心营造着各自的家，在自己的世外桃源中做着各自喜爱的事，与世无争。他们有的潜心书画，有的热衷丝竹，有的沉浸于制器，更有甚者远离城市喧嚣，效仿古人重返山林茗泉弹琴，虽不入主流但他们雅集创作活动不断，他们以自己的方式理解着传统文化，延续着传统的生活。正是因为有着这样的一个群体，江南文化才有着坚实的社会基础，对于弘扬江南人文艺术之美起着不可磨灭的贡献。此次将重点展示这个群体，以走过江南的平实视角领略他们的生活，感悟艺术生活的特别魅力。

20世纪七八十年代的无锡旧景

听松石床 无锡惠山寺
石床一端镌有"听松"二字，字迹端庄清秀、
圆润和谐，为唐代书法家李阳冰所书。而
另一端镌有的宋代文人题字，却由于年久，
受风雨剥蚀而字迹斑驳，如今已再难辨认。

天下第二泉 无锡惠山寺

很多年以前，一个风尘仆仆的中年驴友，或者应该说一个独漂，曾经来到当时已经很富庶的江南。

梁溪城外，大运河上，帆樯如织。越过运河，爬上一座可以远望城外水陆码头的秀丽小山。

小山上的佛寺中，小和尚献上解渴的茶水。那独漂一饮，不禁将手往茶桌上猛地一拍。

小和尚有如遭到棒喝，脖子一缩。

只听那独漂意犹未尽地说："好泉水！"

小和尚喏喏地说："施主果是解人，此茶用的是我惠山之泉。"

那一晚，独漂不知是在附近的驿站中打尖，或是就借宿在惠山寺内，但他记下了惠山泉的名字，并在几年之后的著述中，将其品评为天下第二。

这个爱茶成痴的独漂，被后世尊为茶圣。但以他无比挑剔的那种性格，估计应该当时就得罪过不少人。要是在现代，估计会因为上网 po 文而遭到"人肉搜索"。

也不知道是不是这家伙的帖子太过红火，引来太多茶客，反正惠山泉居然后来就枯竭了。

过了很多年，当时流行的喝茶方法跟中年独漂那时候已

逝去的岁月总是破碎和不连续，昨日的感受在今日便是恍惚

经有很大的不同，但惠山附近的阳羡，茶叶和茶具仍然负有盛名。

其实，整个江南地区都是茶的乐土。

尤其往南走一段路，靠近杭州的地方，有一个叫龙井的山村，出产一种娇嫩无比的茶叶；特别是每年初春时节，在雨水之前，将刚冒出来的芽尖摘下来制成茶，让很多独漂的粉丝评为天下第一。

又过了很多年，从杭州向东，绕过太湖南边，苏州地域，有一片面湖的高坡，长年水汽氤氲，出产一种同样很娇嫩的茶叶，但跟龙井茶的片片扁平不同，它叶叶都卷成一团。

那时中央有关部门派人视察本地土特产。啊！说错了！是视察本地，顺便尝尝土特产。

总之，高层领导在赞赏之余，给这种茶定了一个挺诗意的名字，叫碧螺春。

大概是太过娇嫩的关系，龙井和这种茶都不能像独漂那时那样，放到锅子中大煮特煮。

只能拿开水烫一烫。

所以，壶不需太大；因之，杯子就更小了。

经过独漂粉丝们多年的挑剔评比，公认无论是何种茶叶，还是以惠山附近阳羡地区所产带砂的土壶泡来味道最佳，此种土壶终成天下第一名器。

当然，干涸了的天下第二佳泉，始终没有回过神来。

江南地区因为富庶，盛产的远不止茶，鱼米之乡于是成为人间天堂。富庶的人多了，大家不免要互相攀比。富一代比的是谁财大气粗，至于富二代及以后，比的当然不会是谁比较像土豪，而是谁比较有品位。

这造成了文化的发展与繁荣。

所以江南人在生活中，便有了特别的追求与乐趣。

在这样的环境与氛围中，形成五百年来我国文化的主流，其最高的审美标准，并非是否豪奢富丽，而是"品"的高低。

对人的要求，一要品格高尚，二要品位超卓，所以尊崇气节、重视教育。对物的要求，则必须要品高而不凡。例如：劲竹品高、湖石不凡，所以人人重竹、家家藏石。

但中国人看人和看物的标准之间又有很大的不同。

看人，中国人要求"和"。所以，待人要"和蔼"，因为人际要"和谐"，尤其做生意的，"和气"才能生财。

对人而言最不好的，就是"病"。生病又叫做"违和"，遇有经常与人不和的，最简单直白的批评，就是"这人有病"。

换言之，在中国，做人不要太独特。

但是对于物，特别是用来欣赏的玩物，中国人却总是以病为美，越独特越佳。因此，木要瘿，石要漏，金鱼要佝偻。最为人所熟知的，就是太湖石的五个标准：瘦、皱、透、漏、丑。

中国人特别喜欢玩石头，从旧石器玩到新石器，从美玉玩到奇石，从坚硬的宝石玩到柔软的印石与砚石。

在江南，石成了山的象征，是江南人展现胸中丘壑的代表。院子里、案头上，一块石头、一盆花木，便仿佛使人感觉山林相伴、进而天人合一，达到品性与品位的和谐境界。

岁月打江南走过，诗人的歌咏、文士的记述、画家的造意、工匠的机巧，都化为一块块青砖、一方方条石；那千年的积累，成就了所有中国人文化的首都、心灵的故乡。

但是，再优秀悠久的家族传统，总是抵不过狂妄后人的挥霍。百年之间，多彩的韶光，褪成残缺的旧梦。

抱残守缺本来不是正面的心态，但面对此情此景，也许抱残守缺的行为反倒是警醒的起点。毕竟，我们不想再轻易地失去。

如果人寿千年，若是独漂还在，对着居然无水映月的天下第二泉，他将会如何品评当今的茶味？

是君子之交淡如水，抑或归兴浓如酒？

陈原川于无锡研山堂

半梦斋中糊涂乐

——卅年从把玩到研探古家具之心路

文 朱方诚

"聪明难,糊涂难,由聪明转入糊涂更难。"郑板桥所言
"难得糊涂"不就是说做人何不"似醒非醒"吗?于是
我即自提书匾曰"半梦斋"。

红木「难得糊涂」对联

一、缘起少年志

说到对于古典家具的偏爱，多半出于我自小对传统绘画的钟情，也缘由我学习造型艺术设计的专业背景。记得在 1984 年大学毕业时，我自选的毕业论文题目就是《中国坐具功能发展浅析》，居然洋洋洒洒地写了几万字。在 20 世纪 80 年代初，我既关注王世襄、罗元逸、陈增弼等学者对明式家具的研究，也喜欢读《考古》杂志上杨泓等专家关于古家具的考古论述。为了一睹艾克、杨耀编辑的《中国花梨木家具图考》，我自带干粮，搭乘长途公共汽车赶赴上海青浦区。在当时的上海工艺美术学校的图书馆，才看到黑白精印刷的头版书。舍不得胶卷钱，就用拷贝纸描下了许多图像……其实在生活中兴致勃勃地享受木器之乐，还是与自己的家庭环境分不开的。笔者祖上先辈是画家、医师世家，尽管经历了"文化大革命"岁月的洗礼，还是有一些没有太多政治内容的旧物件传到我的手中，如青花大笔海、红木七屉画箱、金丝楠护封板册页、珂罗版精印的清代山水画册，还有被我幼小的手亲自送进废品回收站的《海派画家百美图》线装册。那些在"文革"中烧毁的古画、诰封、祖宗画像，这些经历，是我宝贵而痛心的记忆，也是我而今能不遗余力地投入明代家具"保卫战"中去的动力。

记得在步入初中时，我就特别在意木工活，关注名贵木材。在邻居木匠王师傅家中，我是常客，常常暗誓要当一个新时代的鲁班，那时工人阶级吃香么。他家中榉木的大刨子、花梨的锯架、红木的牵钻、白檀木的凿子柄……这些木工家什对于我是太有吸引力了，而且总幻想自己也能有这么一套工具。至今，我还保存着他送我的一小段麻栗木（高丽木），后来我自制成了锤子柄。对家具制作的工艺流程，我也都耳熟能详，开料、刨平、划线、打眼、割榫、抽槽、装配，我几乎都模仿做过。而且我也自制了一个大工具箱，里面也依葫芦画瓢，添置了许多锉刀、凿子、锤子、钻子等工具。少儿时的钻劲尽管总是短暂而肤浅，但是为我积累了丰富的木匠知识，也培养了我对木器的那份难以割舍的情。

二、玩古物察古人情

话说 20 世纪 80 年代中期，我刚从大学毕业，当时已有"万元户"出现。海外的文物商人手脚很长，早已伸到太湖水乡，当时我只有 54 元人民币的月薪，要玩古家具，相当拮据，眼看到别人把一件件家具打包、拉走，很是眼馋。我的第一件藏品是一副红木小联。有一次，我为一个社区政府会议厅画迎客松以赚外快时，偶然听见有老先生要出让西式红木大橱，经我介绍，木行小邓做成了这笔生意，他欣然谢我，由于我不肯收现钞，他就送了这副红木对联：以红木劈成竹爿状，在弧板上开光，周边精刻成竹鞭的小方框，中央铲地阳刻"難得""糊塗"双联，染以石绿漆，精致诡谲。人尽皆知"扬州八怪"郑燮之文之画，或讽或颠，悖常理而存真趣。所以此联我拿回家后，把玩良久，不由心胸洞开："聪明难，糊涂难，由聪明转入糊涂更难。"郑板桥所言"难得糊涂"不就是说做人何不"似醒非醒"吗？于是我即自题书匾曰"半梦斋"，取板桥之逸性也，这就是我的第一副藏室匾联。

在我以"半梦斋人"自勉时期，多玩红木家具，醉心于红木家具的富贵之气和它的"保值"，可见当时审美理念的肤浅，学术思维的匮乏。那时，黄木、黑木不敢碰，榉木、柏木嫌破旧又不喜欢，好在我的艺术设计眼光较为敏锐，淘的多是准明式的红木精品。如红木圆梗软屉方凳；红木"罗锅线"打洼边口文具盘；红木有束腰螭龙卡子马蹄禅凳……特别是一件明式红木高花几，通体结构空灵，形线俊朗，尤其是构件外侧均以打洼作凹工，而所有构件节点又打磨圆角，简约而雅丽，素净而浓华，方信古代文人匠师在把握艺术装饰度时的用心良苦，精心落墨而不铺张，倾情雕琢而不媚俗，这是工艺

清 红木 高花几

精湛，气度坦然的文人用器之极品。今天这件花几在木友中展现，仍然是人见人爱，过目不忘，足以说明其设计度把握得恰到好处。美国木行专家柯惕斯先生看过之后，曾经惋惜地判断它是清中期后做工，其实，正因为它是晚清仿明的作品，也就说明入清后明式家具之风还是有一定的市场；而且，清作明式不一定就工艺粗陋，也佐证了"后期明式家具"仍然有一段独特的发展时期。在"简、精、怪"诸如此类方面仍然有一个被人们曾经忽略的高峰。

三、为木当"痴"终不悔

曹雪芹在《红楼梦》中云："木石之盟"、"终不忘世外仙姝寂寞林"，这种暗喻是否也表示了文人借青春爱情之说而顾影自怜，对弱者的同情，对清者的赞许。木与金、木与玉在经济价值上似乎是无法比拟的，然而，木是一类更有生命、艺术性的材质。她有斑驳的棕眼、涟漪般的涡圈、流光的闪影、高耸的山纹、诡谲的树瘿鬼脸。当年我吟诵着林潇湘的菊花诗、薛蘅芜的螃蟹咏，比较着玉与金的和美，木与石的鲜活；这是有趣的比较，偏爱贫贱的木，是沉浸着青年人一般骨子里的叛逆和对世态炎凉的颠覆，这也许就是我当时玩木器的心理。

收藏古木器，是与古典木艺的精心对话，如管鲍之交的真率，可以超越金钱的天平，宠辱皆忘。为一物而痴狂，为一念而醉心，当你玩转旧物，透视沧桑，一件木制的家具，淡化其价值，完全像注入生命那样灵动有致，那转折的构架、舒展的腿足、精确的榫节，都可以诉说一段不灭的新曲。如一件锡邑人华雪寒先生所藏的高束腰三弯腿供桌：通身皮壳斑驳恬熟，束腰露腿开框，涤环板上开海棠窗，且中间镂雕花叶，牙板上有托腮，大壶门弧线流畅交于腿足，四腿外抛三弯转曲，足尖外翻卷叶抱球，且足踩半莲。整件

元 李衎 竹石图轴 绢本设色 纵 185.5cm 横 153.7cm 故宫博物院藏　　　　元 赵孟頫 竹树野石图轴 美国明德堂藏

麻栗木 圆包圆罗锅枨竹丬面方凳

红木 圆梗软屉方凳

楠木 刀子牙板直枨二人凳

红木 有束腰螭龙卡子马蹄禅凳

造型一气呵成，功能造型、伦理气度、吉祥寓意、精湛技艺应有尽有。瞥一眼，则油然生情，不得不叹服古人的睿智巧手。而我收集的麻栗圆包圆罗锅枨竹爿面方凳、楠木刀子牙板直枨二人凳，都几乎是残缺件，当时以超价位收入囊中，或许只有这样的痴情一搏，才有今天木行老客来追风的戏，难道不是吗？

所以，进入木友之行列，不管你出于何种目的，都会对古家具知之越多，爱之越深。"木家具"是自然生命、艺术意趣、科技积累、工艺心血、风俗时尚的综合结晶，其包含的民族文化容量之大，传播民俗审美感的力量之强，是远超过了其他的古玩行当的。在木种的把玩上，你能体察到自然的神力；在年代的考证上，你能感知到生命的循环；在艺术价值的鉴别上，你能领悟到审美的天理。因而，今天步入中华古木器的殿堂，是历史赋予我们的特别恩赐和机遇，没有战争等人为因素所造成的文化断层，我们是无法感觉到这条古家具链需要我们修复、传承的天大乐趣的。所以不管我们过手多少机遇，得失如何都是过眼浮云。三十多年来，古家具业随商海大潮起起落落。有时市价高涨，使藏家们心旷神怡、喜气洋洋；有时价格低迷，令玩家满目萧然，感极而悲。其实不管"洋装"（出口并受欢迎的家具）还是"本装"（国内市场走俏的红木家具），只要是古典家具，都是先人们遗留下的瑰宝，若出于收罗家国遗珍的情怀，那么一切金钱的利益可以看得淡如云烟。

四、玩物何言必丧志

我初玩家具，正值新婚燕尔，新屋中只能放进红木家具，对破残的榉木家具不够看好，总是买进了之后，玩了几个月

榉木　高束腰三弯腿供桌

榉木 螭纹牙板翘头案

又卖出去，这样反复折腾，颇费精力。后来一件特别的古器改变了我对榉木家具的看法，那就是从无锡南禅寺杨惠先生手中得到的螭纹翘头案。该器案面短而宽，似一张小书案，敲框打槽镶山纹独板，翘头之势有曲线而稳健适中，四腿起海棠角线，只有外侧打洼，而非四面打洼。最令人感叹的是牙板宽而敦实，凸线高7mm而凝重，有康熙器之风。牙子之上实地阳雕变体四灵芝。观其形，灵芝生脚如螭龙之尾，可见其是明末清初植物纹向动物纹兴趣转变期的作品。虽然案身早受庖厨之苦，伤痕累累，但从它身上我读到了家具工艺设计的重要性。因此体验我茅塞顿开，觉得从研究的角度看，要多收榉木、柏木器，方可辨年代、定工艺，认明式之宗，立江南之祖。于是我重题室名曰："明轩"，明固然是"大明"之意，而"轩"字是仿照我崇拜的词人辛弃疾的"稼轩"之号，从此我对收集吴地家具更加上了心，从研究角度拍照、揣摩、测绘、记录、仿制、评论，完成了从把玩到研究的第二次飞跃。

在把玩木器上，我犯了几次错误，都是怕"玩物丧志"，几次想金盆洗手不玩了，所以把一批批旧家具淘换掉，想一心画画或搞设计。每次卖掉后又痛心后悔，于是又疯狂去采集。好在我总是把住底线，让最有学术价值的固守囊中。

想来痴迷古木也有三十多个春秋了，平心而论，能悟到一些真谛，还是近七八年的事。想我泱泱大汉民族，方块造字，寄"六书之理"于象外，富哲理成就了抽象的造型理念。六书中有："指事、象形、形声、会意、转注、假借"六种造字诀，每每细品其于家具的类型出处的关联，顿觉妙不可言。笔者认为，"指事法"强化了家具的伦理性；"象形法"使家具贯穿了仿生法；"形声法"促进了家具构件的部首化；"会意法"使家具设计引用了追加法；"假借法"引导家具演化采取了依形托物法（见拙作《东方天工·文化篇·汉字六书造字法则在家具造型上的反映》）由此可见，文字的载体——书法对华夏家具艺术的指导是很重要的。

久居海外的熊秉明先生曾断言：中国艺术"特质"的核心是书法。如果谁没有能在明式家具上读懂书法的韵味，那确实是未能真正认识明式家具造型结体的精髓。纵观五千年的华夏艺术文明，有一种特质始终贯穿其间，那就是理性的审美意识。这种不同于其他民族的艺术之魂，应该来源于中国独特的文字创造法"六书"，之后历朝历代又对国文书写的工具、手法、审美、认知诸方面不断赋予新的法度，换言之，如果先人们较早就使用鹅毛笔写字的话，也许就没有明式家具细部的转曲灵动、顿挫畅敛、柔婉劲挺的笔意。

在多年把玩古典家具后，我对华夏家具的艺术特质方面总算有了长足的认识，这又是一乐也。如我收了一件柏木顶牙罗锅枨平头案，敲框面板凸拦水线，显得如横划般平和敦厚。腿足起海棠角线，四面打洼，圆润到地，如中锋之竖垂露含蓄凝重。小而精致的灵芝牙头起线细挑，仅 1mm 宽，而实地铲平，明眼人一看就有明代做工的特征。而双腿之间一根顶牙

上：柏木 顶牙罗锅枨平头案 下：柏木 罗锅枨卡子花方桌 　　榉木 灯挂椅

黑漆灰拔步大床

明 陈洪绶 斜倚薰笼图（仕女局部）
陈洪绶（1599—1652），明末清初书画家、诗人。字
章侯，幼名莲子，一名胥岸；号老莲，别号小净名，晚
号老迟、悔迟，又号悔僧、云门僧。

罗锅枨却宽纳而遒劲有力，在木理转曲中书法笔意酣畅淋漓，令古家具学者王振书一见就不由驻足，审视良久后叹说："这是一件难得的明作家具呵。"虽然家具在构件交叉连接以外，不如字符笔画多，但明式构件的断面、交接点，无不透露出书法外方内圆、转折有序、曲率精到的审美亮点。尤其是该案灵芝起收如凤眼般的转折钩形，不是半圆形线，而见有起笔收捺的"抛弧"。可见明代匠师们审势取形，自在奔放，独有书法的俊逸之气。另一件柏木罗锅枨卡子花方桌，其罗锅枨短头起势，不是水平线，而是微微上仰舒线，更能说明书法横波的意趣。而有一类灯挂椅的搭脑、靠背，也是极有书法笔意的，至于许多明式桌的牙与腿间大弧角，更是为取笔势而有意为之。前些年，在西山金庭工艺品厂，陈虎先生邀我品赏一张黑漆灰拔步大床，见此器，我肃然起敬，乌黑的构架，形线飞舞，帐门垂花如将军罐的滴水钮，宽大的壸门，弧线流转，如陈老莲笔下绶带，飘逸生风，柱础垫方，如明式靴底，花板实地，花高凸如馒。这样用心的做法，只有一个目的，就是提高形体的张力，加强人视觉效

应与心灵感受的跌宕起伏寻找合理的平衡点，这种审美要求也只有在汉字书写法度的表意境界中才有呵。

六、何必小觑"亚文化"

当人类社会发展到一定高级形态时，一些身居高位、手中掌握文化话语权的人们，才认识到原来文化发展演化的原动力不是主流文化自身，而是被排挤在边缘地带的"亚文化"。当全世界都认识到亚文化的"积聚能量带"在于青年学生群时，人们开始以宽容的心态对待"青青子衿"们那份蠢蠢不安的躁动。国际大学教育学也认为，大学校园是亚文化的摇篮。其实，亚文化也积聚在"形而上文化"与"形而下文化"的交接地带。

把玩家具也是这样，自从神州大地五星红旗升起以来，从木行看，可谓是：二十世纪五十年代"手枪脚"（"民国"风顺延），二十世纪六十年代"没有脚"（没有追求），二十世纪七十年代"捷克脚"（一类东欧社会主义国家创造的斜向脚形），二十世纪八十年代组合脚，二十世纪九十年代欧风脚，二十一世纪还看我中华脚。看似小小的家具审美风，却形象地记录了中华人民共和国成立以来人们审美精神面貌的转化。在20世纪六七十年代，我们不能想像明清"封建"家具会再度崛起，也无法想像我们今天要为创造东方式家具而努力。历史的印记也是这样，在明代中期，特定的政治背景和经济基础造就了中国历史上少有的"闲适文人"时代，这些青壮年的读书人，不能致仕，不思经商，他们津津乐道纯粹的生活艺术，追求精致的个性生活，享受大自然和艺术创新带来的新的生活方式和规范，以他们先进的科技知识融合前朝经典的艺术标准，才创造了能丰富社会的生活新形态。当下，好多人还不能理解复兴中华审美理念要靠弘扬明式家具来推动，但是，笔者深信不疑，因为家具对任何民族而言都有着直接的文化意义。

人生来必有大半时间与家具为伴；家具是重要的文化载体，各民族的生活理念、审美习俗，都会在家具上留下不灭的印记；家具是生活品质的重要标志，一个国家或民族的文化底蕴与生活水平，也会在家具的形制纹饰、工艺水准上得到充分的反映；家具也是环保意识的试金石，可持续发展的生态理念，无公害理念，价值工程理念，都会在家具选材、造型、装饰乃至工艺流程上得到充分的体现。而对于使用家具的人们，更可以从他们的喜好上折射出生活情调、品位，以及对人生的态度，能反映一代人在一方水土之上倡导节俭、淡泊或享乐、靡费的不同志趣。

在当前文化科技高速发展的时代，地球已变得越来越小，数字化技术把文化的统一性不断放大，区域性优势不断缩小，难道人类将毁灭文化差异性了吗？答案是否定的，人们必须有效地保护各民族悠久的传统文化

康熙四十八年岁在己丑孟夏日置
这件方角柜看似普通，却是康熙四十八年的置器。那一行工整秀丽的红漆小楷，足见主人的恭敬之心，此方角柜现由华凯藏于无锡博古斋。

特色，世界文明才会丰富多彩地发展延续。而家具作为人类最原始的文明载体之一，是最需要人类悉心保护的。所以，遵古人之训，以置器而养性，这是一句忠告，一些古家具上往往有文人认真书写"某年某日置办"，可见古人对家具的重视。在经济发达，生活富庶的现代社会，人们更应该警惕生活细节对子孙后代的精神教育的作用，要铸造健康而有魅力的人格品质，将中华民族特有的崇高秉性，通过美学植入新一代国人的脑海中，这是一个新的"希望工程"，而当下中华到底要培养什么样的审美观呢？

自宋代开始，中国的家具设计更注意"品德"的体验，关注家具体现人的自我尊严与自我规诫，而不单纯从舒适性与装饰性的角度考虑。在消费观念上，中国人讲究"量入为出"、"俭以养德"，以平和的心态对待生活享受，更多地考虑子孙的幸福和宗族的繁衍，所以中国文人在这一点上与外国绅士相比就大为不同。因此家具这种"亚文化"，其实是关系民族文化传承的大事记，如果一个国家的文化精英，都对本民族的家具所承载精神内涵一

无所知，那么，这个国家的文化传承是有很大危机感的。在多年不懈书写家具文章的过程中，我一直坚信小文化是会撼动大乾坤的。

笔者的书房内常置几件古器，朝夕伴我笔耕：如文武线六屉搁台横卧；刀子牙方角书柜伫立；花几上敬一盆秀竹；家中祖传的红木画箱几经沧桑，仍守案头，虽铜件尽失，是木友邓彬先生为我配上之后，也不减当年风韵。这些物件，平日虽熟视无睹，但每每旅差归来，却有小别重逢之感，倍觉亲切，必抚摸摩挲揩拭一新，方显恩宠。有些佳意，足以断尘世间诸多杂念，置中华"正器"而养秉德，此为当下文士之一乐矣。当斜倚在那张交藤大扶手三屏榻上，欣赏影音之际，自觉有贵人相伴；而或三五之夕，玉壶光转，效王维"中宵入定跏趺坐，女唤妻呼多不应"，便在我那件藤面已损的大禅凳上盘膝趺坐；小香几上置一件鳝鱼黄铜包网钵式炉，焚香以祷，顿觉风清与月洁，烦念俱消。笔者并不信佛，只为佛法高标"天理"，能灭人之"欲"，荡平人之邪念而已。常愿面对那精致的红木竹节大镜框，仿陶潜、云林沉艺海而后快，细品外祖父沈辛田的遗作，品味他老人家向往"山静似太古，日长如小年"的"乌托邦"式境界。

三十年踽踽独行，寻求木趣，那些斑驳浆亮的古家具几乎成了我的人生伴侣一样，迎来一器，必为它清洗、擦拭、修正，使之成为和木友切磋的谈资，也成为艺术研探的范本。每每搬来弄去乐此不疲，终不免让他人笑痴。

书法家铁平兄曾经赠我一联曰："高怀见物理，和气得天真"。收藏之乐，当然首先是丰富了个人的生活情趣，也装饰了自己的居室陈设。几件古器，稍一摆布，便觉蓬荜生辉，雅然之气陡增。或是点缀几件古家具在办公空间，看那新老家什，悠然"对话"，并不觉得唐突，而清新艺风油然而生。倘若

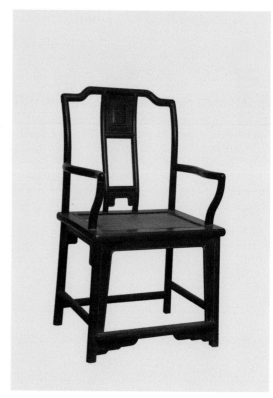

红木　南官帽椅
平日最愿坐的还是这把红木南官帽椅，虽是清作，但明式家具的曲线风骨、影形俱在，无联邦棍，直线圈牙，搭脑拱高度较大，非常婉俊美，唯靠背为攒料三节式，上节凸方形弦线框，有圆角框中如"铲簧"作微微鼓起，是介于"铲簧"到起"堆杜"做法的演变期，下节也为直牙小壶门，起阳线，而中节为虚空方框无眼无痕，颇觉怪异，经推断此处应为云石，古以漆布鳔胶粘贴，故日久脱落无痕，有文旦椅背同此款式，可引作旁证。

置一把圈椅，面壁而坐，便自觉畅怀静思，冥想遐飞，有"穿越"之感。更重要的是，平心静气，宠辱皆忘，与古器对话，不异于听高人诉衷，能体察华夏伦理精神，能领悟儒、道、释三家妙论，贵在以东西方理念综合考辨。

行走木行，我享受太多的常人无法体会的乐趣，也体察到太多玩家没有领悟的设计理念，更是淘换到许多投资理财永久升值的载体，可谓"一石三鸟"。我以李太白"清醒庚开封，俊逸鲍参军"之高标来解读明代文人家具，似乎就找到中华生活艺术的审美真谛。而收藏木器，一如钓鱼的渔翁一样，给你似乎永远都在企盼中，一切皆有可能的诱惑在不断招手，输也好，赢也好，都只是过眼烟云，大有"塞翁失马，焉知非福"的劲头，唯独那份"糊涂"的快乐，伴我在研探华夏文人家具的心路上悠荡，还有那份民族的自尊，常常是我坚持寻找华夏家具之"物"与"理"的动力。

这件红木镜框匠心独具，似竹为题，筋芽饱凸，承载着一股清新孤傲之气。此框是在我的木行诤友邓兄手中「打闷包」拿下的一件孤品，他曾给予我许多收集的机会，而我错失良机过眼流逝的古器精品还是太多了。

朱方诚／副教授、明式家具收藏家

东瀛文人壶
『别种』具轮珠

文 寂莱

　　"近时有一种奇品，邦俗呼曰具轮珠。所谓小圆式、鹅蛋式之类也。形有大小、制有精粗。泥色有朱、有紫、有梨皮。小而精者，曰独茶铫；粗而小者，曰丁稚。而大概无款识，故不详为何人手作。或云不降崇祯，或云不升乾隆。议论纷纭，未有确乎析众诉者。予窃谓：粉本盖权舆于明代良工，而清人转传临摸（摹），更逞奇巧，必非一人一手之所能制。盖良工不苟作，若王氏之善画，十日一水、五日一石，妙品所以不多也。兹壶予所传闻，殆将四十品，而目击者过半，但有大同小异耳，其岂悉成于良工之一手耶。或有久匿于巾箱中，而清人新制不容疑者，或有经手泽揩摩，而仿佛明人所造者，似难辨而不难辨，故概论之，恐非明人之制。若彼不降崇祯之言，崇奖过当。而不升乾隆之说，虽不当亦不远矣。而其为器拙而密、朴而雅、流直而快于注汤、大小适宜有韵致，是所以盛行于世也。项者京坂好事家渴望心醉，一睹兹壶，津津流涎，争购竞求，不惜百金二百金，必获而后已。至曰非获具轮珠者，难与言茗事。于是狡贾乘机射利，价比拱璧，甚有售伪物以欺人者。呜呼好事之弊一至于此，玩物丧志，非言诬也。"

——奥玄宝《茗壶图录》

清 金士恒 常滑朱泥对壶

风水轮流转。

从前是"手中无梨式，难与言茗事。"

如今是"手中无铁壶，难与言茗事。"

而在一百多年前，铁壶原乡东瀛的煎茶席上，却是"非获具轮珠，难与言茗事。"

公元 1654 年，隐元禅师率三十余名知名僧俗从厦门启航东渡。此时，距日本茶道集大成者千利休辞世逾一个甲子。明代散茶冲泡法随隐元禅师，及明清两朝更迭之际不愿辱节侍清而避乱东瀛的文人志士传入日本，在京都宇治醍醐山麓的黄檗山万福寺落地生根。中式文化情节深种的日本文人终于找到能够与贵族武士群体相较区别的新茶道：融合明式文人趣味与中国南方工夫茶俗的——煎茶道。工夫茶炉、砂铫、宜兴紫砂壶、各式白瓷与青花小杯、

锡茶罐与锡茶托、一至笔墨纸砚、文房清供，悉数成为煎茶席上不可或缺之风雅玩物。煎茶道开枝散叶，引为风尚。文人墨客竞相仿效明代文人的闲情逸趣：插花、挂画、挥毫洒墨、鉴赏古物、焚香、饮茶。此为日后具轮珠风靡之滥觞。

具轮珠之名，今已不知所从起。最早所见著录均为日本明治古籍，如明治七年刊行的《茗壶图录》；明治八年刊行的《清湾茗醵图志》均有"空轮珠"之类似记载。由此推测具轮珠的风行应肇始于晚清之际。此时，时代车轮已碾转至隐元禅师东渡扶桑两百多年之后。

具轮珠制器，直流炮口，或小而精，或粗而小，仿如明代直流紫砂大壶的缩小复刻版。小，大概是因为煎茶道的品饮方式脱胎于福建以及潮汕工夫茶俗，而工夫茶历来尊崇"壶宜小不宜大"的择器理念。直流炮口，则大概除却快于注汤，亦不排除彼时日本文人对明代紫砂制器的心慕情钟，从而择型定制；抑或奸商狡贾假借高古形制，颠倒真伪，混淆玉石。

奥玄宝在《茗壶图录》中将具轮珠归为"别种"。而具轮珠也确为紫砂发展史上的另类。百多年前日本煎茶席上令京坂好事家"渴望心醉，一睹兹壶，津津流涎，争购竞求"的"奇品"，于大陆却几乎未见传器。由此可推测，具轮珠自诞生之初，既是专应日本煎茶道需求而度身定做的外销品种。

有别于晚清传统紫砂制器对均衡造型和精致工艺的追求，具轮珠在造型上多呈现出"不对称、不规整、不均齐"的"粗放"特征，工艺上亦呈现出刻意明接、不事修坯，有意弱化和省略诸如明针修饰等宜兴传统制壶精加工工艺的"去工艺化"倾向。散发出与同时代紫砂制器迥异的"未完成、不完整、非完美、非永存"的东瀛审美气息。

具轮珠"拙而密、朴而雅"的"拙朴"造型特征与工艺倾向，最初许是日本文人对明代紫砂语言和高古气息的自我解读与复古摹古，抑或不良商家有意为之的托老作伪。但更主要的缘由恐怕是：煎茶道在经历了最初对明式趣味亦步亦趋的追随之后，于中兴之祖卖茶翁高游外的引领下，渐次展开了将明式趣味与东瀛审美碰撞融合的本土化进程。

"本质上，茶道是一种对'残缺'的崇拜，是在我们都明白不可能完美的生命中，为了成就某种可能的完美，所进行的温柔试探。"从隐元禅师发端，到卖茶翁中兴，再到明治大正时期的风靡。东瀛文人最终不可避免地将冈仓天心笔下的侘茶美学融入煎茶审美，完成了中式趣味与日式审美的嫁接合一。具轮珠应时而生：于材料、工艺而言，具轮珠乃地道的唐物，于趣味与气息，具轮珠则是东瀛 wabi-sabi 美学"不均齐、简素、枯高、自然、幽玄、脱俗、静寂"的审美投射。

从江户时代到昭和初期，两百多年间，文人墨客如上田秋成、木村蒹葭堂、田能村竹田、赖山阳、山本梅逸、富冈铁斋等，及历代黄檗高僧都曾是煎茶道的一时拥趸。文人审美主导着各个时期煎茶道的审美倾向。花月庵流、小川流等诸多煎茶道流派的流变都与时代文化精英的参与、推动密不可分。一代名工青木木米、三浦竹泉等不仅与同时代文人交从甚密，其本身也是深具文化积淀与笔墨功底的手艺文人。文心制器，各个时期的煎茶名品，都呈现出自然、清雅的文人审美特征。

晚清至民国，按照"来样定做"抟制具轮珠的宜兴陶工，未必了解一海之隔东瀛文人对具轮珠的渴望心醉，亦未必能够读懂泥凳上这一丸阳羡土所散发出的另类审美气息。时至

无款具轮珠对壶

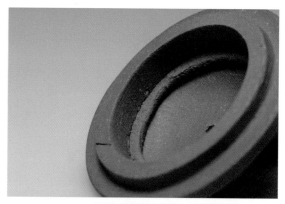

冈仓天心 行书

清 光绪四年 金士恒制紫泥梨形壶（一对） 宽10.3cm

清 光绪四年 金士恒制紫泥梨形小壶 宽11cm 高8.5cm

清 光绪四年 杉江寿门制金士恒刻字朱泥小壶 宽10.6cm

清 光绪 金士恒制并刻"飞鸿延年"小壶 宽11.5cm

梅が香 志野茶碗 五岛美术馆藏

冬木 伯庵茶碗 五岛美术馆藏

十王 光悦赤乐茶碗 五岛美术馆藏

清 金士恒 行书 "受命天留馆"
横披镜心 水墨纸本 纵31.5cm 横135cm

金士恒于光绪四年（1878年，日本明治十一年）应日本常滑地区陶工的邀请，和宜兴制壶高手吴阿根同往常滑，传授给鲤江方寿、杉江寿门、伊奈长三等3人紫砂"打身筒"制法及陶刻装饰技法，被日本誉为"陶业祖师"。金士恒所制壶，形制古朴，不逐精工，但求野趣。其仅在常滑滞留数月，但交游广泛，甚受欢迎，作品大多传世于日本。

清 金士恒款诗文竹印盒
此竹印盒流传于日本，木盒上墨书"金士恒造 竹根肉池乐古堂珍玩"，盖内墨书"明治十五年求之"，为公元1882年，光绪八年。

今日，中日两国研究者公认能够理解、融合东瀛审美趣味，以宜兴制壶工艺创作煎茶道具，并形成鲜明个人风格的中国人只有一人——晚清文人金士恒。

金士恒，史载甚微，尝自署"彭城墨军"、"彭城后裔"，信为江苏彭城人（今徐州）。十三岁拜沪上名士瞿子冶为师，入读于瞿氏毓秀堂。自号壶公的瞿子冶曾雇请宜兴陶工多人至上海为其抟制紫砂茗壶。此或为并非手艺人的金士恒了然紫砂成型工艺之初因。

明治十一年，具轮珠风靡之际，金士恒应鲤江方寿、高司父子之邀东渡日本常滑，成为向海外传播宜兴制壶工艺第一人。旅日期间，金士恒曾自抟、自刻，以常滑胎土创作出深具东瀛审美趣味的文人具轮珠佳作。受教于金士恒的常滑陶工杉江寿门等，亦曾制作了包括具轮珠在内的宜兴工法煎茶佳器。

隔岸花开，今时所见之金士恒传器，十之八九抟制于此一时期，绝少见于光绪四年（明治十一年）之后所制者。光绪四年成为金士恒一生最浓墨重彩的一年。有日本研究者指出：在大多数宜兴陶人眼中，金士恒的技法是"稚拙"的，然而，正是这种"稚拙"，折射出金士恒对日本审美与煎茶趣味的吸纳与解读。

壶者，玩具也。文人壶者，文人玩具也。相较以刻绘、装饰凸显文人特质的显性文人壶，具轮珠的文人特质是内在与隐显的。百多年后，在剥离了原本的时代、地理与人文语境后，具轮珠的文人属性越加难于辨读。今时今日，饮茶玩物在海内蔚然成风，大宗日本古董茶道具竞相回流。价比拱璧、动辄百金二百金的已物换星移为铁壶、银壶、金壶、铁打出、铁包银。东京、京都、奈良、名古屋……中国豪客踏破门槛的古董店和拍卖会上，"粗相"的具轮珠，已沦为宜兴古壶中最低价品种。然则，旧主不珍，土豪不爱，未必令明珠蒙尘。"不与俗人同"，此抑或为具轮珠之文心本性与吾辈爱其者之幸亦未可知。

风水轮流转。有些美，在沉睡；有些美，在苏醒。而旧时的珍惜奇品，今时的个性玩物——具轮珠之美，在"半梦半醒"之间。

寂莱/设计师

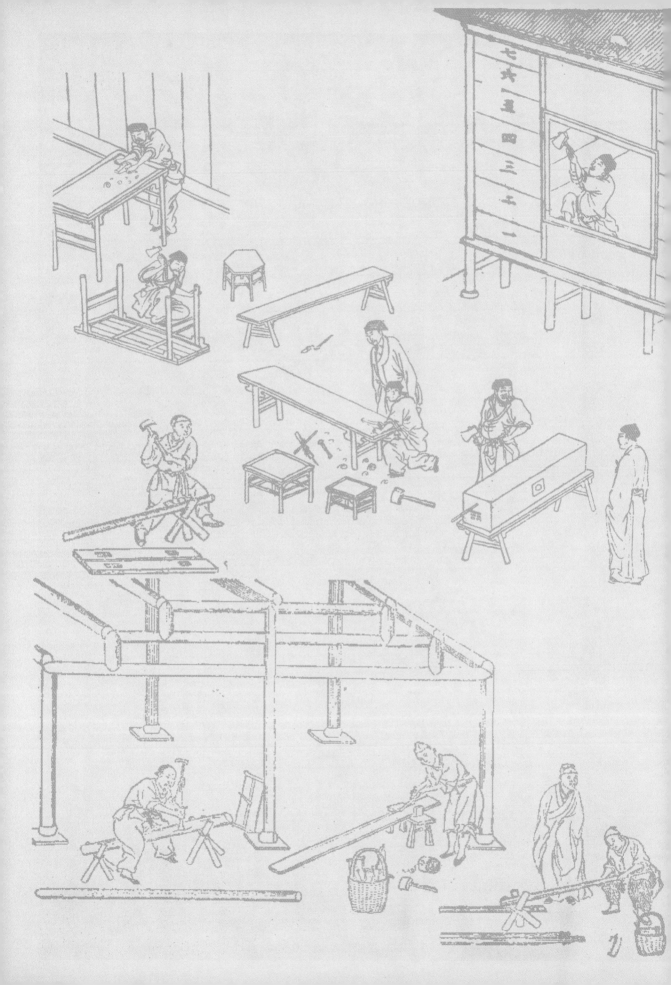

明式印象琐谈

文 陈刚

自 21 世纪以来，"明式家具"成为收藏界的时髦名词，成为古典家具的巅峰代表。搜索百度"明式家具"词条，是指自明代中叶以来，能工巧匠用紫檀木、酸枝木、杞梓木、花梨木等进口木材制作的硬木家具，虽然明式硬木家具在全国很多地方都生产，但以苏州为中心的江南地区能工巧匠制作的家具最得大家认可。

明式印象形成于年少

我很幸运，生长在明式家具的产地，小时候面对熟悉不过的江南居住环境，厅堂布置，可谓司空见惯。巷子弯弯绕绕，但四通八达，一小块一小块金山石铺成的路面在夜晚昏暗的路灯下泛着幽光，两边民居的有线广播里，时断时续飘出弹词开篇的吴侬软语。那长长的备弄在大白天都是黑黑的，小天井里的水井，青石的井栏圈四围满了一道道绳痕，探头望下去，青砖围起的井圈内长满苔藓草，自己的小脑袋荡漾在井底清澈的水波中，面对黑洞洞的深井，遐想联翩。为啥里面没鱼？水是哪里来的？里面有龙王吗？此时总会有人一声断喝："佬小离井远点，别处玩去。"于是便像鸟一样飞将开去。记忆里的江南厅堂大同小异，八仙桌旁一对椅子，后面长台上放了钟，茶盘，鸡毛掸等日杂品，一般人家挂张老虎之类的中堂，大户人家已很少，大宅子里面也是四分五裂，一进一进住满人家。造访个人往往一次又一次横跨无数高高的门槛，往往进门是这条巷子，出后门时又到了另外一条里弄。厅堂一般朝南，六或八扇落地长窗，推出去都有个天井，里面长一棵黄杨之类的树种。每当梅雨季节来临，天井里的蜒蚰会不知不觉爬到地板上，亮晶晶的分泌物扰人心烦。空气中弥漫着霉尘味，各种老式家具一夜就长了白毛，湿漉漉的水气沿着桌腿、凳脚、橱脚往上爬，太阳一露脸，每家每户都是把家什放在天井里或弄堂里晾着收干。

每天清晨里弄的公用厕所是最热闹的，每家主妇都集中倒马桶，马桶刷子有节奏的声音此起彼伏荡漾在晨际的天空之中……此时在大家的心目中，能够住上新造的楼房是件惬意的奢望。那时年轻人结婚办喜事打家具，起先是捷克式，慢慢的流行三夹板家具。记得童年时，母亲到位于西门桥堍的寄旧商店办事，我与母亲一起去了。回忆那时里面堆满了老红木家具，听母亲讲那都是下放农村的人家寄卖或变卖出来的。虽说有的家具才几十元钱，但在当时也是大数字。我们家当时用的是实木新式家具，打开五斗橱门，飘逸出来的樟脑味道是我喜欢闻的。打开房间的长窗是一个厢房天井，里面一个高高的花坛，父亲种了一株腊梅，冬天的日子房间满是梅香，当我坐在摇椅上就着斜斜照射进来的太阳很是温暖。房间的地板是长条杉木的，鼓出的一个一个节疤像一只只眼睛，注视着流逝的光阴。

我的童年就是在二十世纪七十年代于这样一个熟悉的几乎类似静止的环境里度过。或许这记忆实在太强烈，对于家家都有的形态各异的家具的亲切与熟悉就像在记忆之中回忆往事一样，这些家具的形制后来知道了它的学名——明式家具。身边过眼的明式家具形制回忆起来类似黄世襄先生编著的《明式家具珍赏》书中著录的还是有许多。买的第一本关于家具的工具书是阮长江编著的《中国历代家具图录大全》，32开本，江苏美术出版社和南天书局合作出版。都是线描插图，文字阐述的还是很深入浅出，算是我对于中国传统家具认识的启蒙读本，后来出差北京，买到德国人艾克编著的《花梨木家具图考》。

时代变迁，在中国进入二十一世纪之后，一夜之间，熟悉的巷子急剧消失，成片成片的老城区被一幢幢高楼所替代。原来只在老宅子里见到的老家具被"铲地皮"的整车拖出拆迁的里弄。早些的家具聚散点在体育场桥和纳新桥附近，旁边的古运河里时常停泊着船只，家具被地皮们分类，经典的款式卖到上海，广州，普通的实用器具装船运到苏北销售，散架的老家具则被送进了老虎灶堂，转化为老人们拎在手里热水瓶里热气腾腾的沸水，而我却到不惑之年才体味到当初老宅拆迁时的感受。犹记得当大家都兴高采烈地

期盼新楼房时，唯独外婆一直静静地坐在客堂间里，或摇摇摆摆挪动着两只小脚前前后后，上上下下地摩挲着，时不时流下两行热泪。这样的眼泪是包含了何等丰富的情感与眷恋。

梁思成在他的《中国建筑史》就无奈地说过："研究中国建筑可以说是逆时代的工作。近年来中国生活在剧烈的变化中趋向西化……对于本国的旧工艺，以怀鄙弃厌恶心理……纯中国式之秀美或壮伟的旧市容，或破坏无遗，或仅存大略，市民毫不觉可惜……中国金石书画素得士大夫之重视……并不在于文章诗词之下，实为吾国文化精神悠久不断之原因……"梁大师是有高瞻远瞩性的论断的。他说："今日中国保存古建以外，更重要的还有将来复兴建筑的创造问题。欣赏鉴别以往的艺术，与发展将来创造之间，关系若何我们尤不宜忽视。"现在在国家大兴文化产业，各类仿古建筑如雨后春笋般地建了起来。家具依附于建筑室内空间，实用性强，又独立成件，故而比起老建筑的命运来还是相对幸运的。

扎根于江南的明式

无锡先民的原始文化先后属于马家浜文化、崧泽文化和良渚文化。有文字记载的历史可追溯到3000多年前的商朝末年。周朝泰伯奔吴开创了无锡的新纪元。春秋时吴王阖闾元年（前514年），命伍子胥筑阖闾城，以为国都（即为今日苏州）届时无锡属吴。周

明式家具珍藏 花梨木家具图考（英文版）

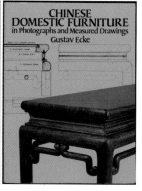

元王三年（前473），越灭吴，无锡属越国。周显王三十五年（前334），楚灭越，无锡属楚国。秦王政二十五年（前222），秦灭楚，置会稽郡，因原为吴地，故名吴县，无锡属之。据考古发现，西汉时期，无锡已有冶铁、铸铜、制陶、髹漆等手工业门类，农业生产已使用铁器农具和牛耕技术。六朝时期，北方战乱频繁，人口大量南迁，无锡治湖筑圩，水利设施大量兴建，农业耕作技术也有了提高。无锡所在的吴郡与吴兴、会稽（一说为丹阳）合称"三吴"，已为东南富饶之区。唐、宋时期，无锡农业生产从"火耕水耨"的轮荒耕作发展为耕、耙、耖配套的耕作技术，形成稻麦两熟制，太湖周围卑湿之地改造成河渠纵横、湖塘棋布、排灌结合的水网系统。养蚕业发达，"桑柘含疏烟，处处倚蚕箔"。隋唐的京杭大运河开通后，无锡河道中"商旅往返，船乘不绝"，商业经济已达到相当高度。

在中国历史上，有两个文人皇帝，被史家所不屑，在文学艺术史上却彪炳千秋。一个被称为"千古词帝"南唐国君的李煜，李后主。虽不通政治，但其艺术才华却非凡。精书法，善绘画，通音律，诗和文均有一定造诣，尤以词的成就最高。有千古杰作《虞美人》、《浪淘沙》等词。一个是宋朝的徽宗皇帝，喜爱丹青，在位时将画家的地位提到在中国历史上最高的位置，成立翰林书画院，即当时的宫廷画院。广泛搜集历代文物，令下属编辑《宣和书谱》、《宣和画谱》、《宣和博古录》等著名美术史书籍。并独创瘦金体书法，此后八百多年来，没有人能够达到他的高度。

有这样抱负的皇帝其实在明代也有一个，他便是明代天启帝熹宗朱由校。不听先贤教诲也不喜欢诗词绘画，却喜欢鲁班，学喻皓，学李诫，整天与斧子、锯子、刨子打交道。尤喜欢制作木器家具，盖小宫殿。吴宝崖在《旷园杂志》中写道：熹宗"尝于庭院中盖小宫殿，高四尺许，玲珑巧妙"。由于经常沉迷其中，技巧娴熟，据《先拨志始》载："斧斤之类，皆躬自操之。虽巧匠，不能过焉。"正如《酌中志余》所述："当其斤斲刀削，解服盘礴，非素昵近者，不得窥视，或有紧切本章，体乾等奏文书，一边经管鄙事，一边倾耳注听。奏请毕，玉音即曰：尔们用心行去，我知道了。"《明史卷二十二·熹宗》中评说："滥赏淫刑，忠良惨祸，亿兆离心，虽欲不亡，何可得哉。"熹宗专心致志地盖着他的"宫殿"，研究着他的家具，从某种实质意义上讲，他的喜好从侧面推动了明式家具的发展。从另一方面说是当时皇族的这种风尚之举，也成为举国

李煜像 赵佶像 朱由校像

的流行之态。

在 16 世纪的明代中后期，苏州经济繁荣，是全国的经济中心，全国田赋最重的为南直隶苏州府，约占农村收入的 20%。刚刚建立的明朝，明太祖朱元璋实行海禁的政策，中断了元代以来的民间与海外的贸易。在这种情况下，海外的商品（包括硬木）不能进入中国的民间市场。加之当时交通运力落后，明初的家具用材主要是靠就地取材如榉木、杉木、松木，楠木、樟木等。明代嘉靖四十一年（1562 年）开始实行匠役制度改革，即所谓的"以银代役法"，轮班匠一律征银，政府则以银雇工。这样，轮班匠实际名存实亡，属于隶匠籍的手工匠人可以自由从事工商业，

南都繁会图 局部

这幅写实风格的绘画作品为我们提供了明代南京丰富的历史信息。其中最大的亮点有两个：一是商业贸易的发达。画卷所绘的招幌匾牌，如"西北两口皮货"、"立记川广杂货"、"福广海味发客"、"京式靴鞋店"、"川广云贵德森字号"、"南北果品"等招幌牌匾，说明南京是各地百货云集、五方商民杂处的商业大都市。而"东西两洋货物俱全"招幌，则隐约地透露出了明代中外贸易的发达程度。二是文艺活动的丰富。画卷中人物最为集中的地方是戏台前面。戏台搭在街道的中央，分前台和后台，前台上有一位艺人正在唱戏，后台有一位艺人正在化妆。男性观众站在街上，而女性观众则坐在上面遮有布幔的两座女台上看戏。街道周围的店铺酒楼也挤满了看客。画卷上还出现了踩高跷、武术表演等民间文艺活动，也吸引了大群的观众。画卷上的人物，衣饰奢华飘逸、颜色鲜艳亮丽，隐隐暗示着明代中后期都市生活的奢靡之风以及对明初规定的各种等级制度的僭越。

明 仇英 南都繁会图 绢本设色 纵 44cm 横 350cm 中国国家博物馆藏

明 时大彬 提梁紫砂壶

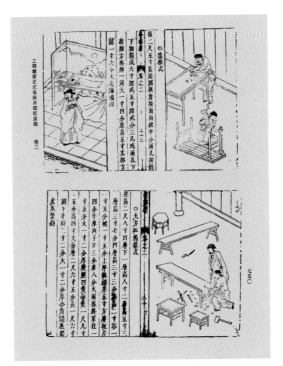

鲁班经匠家镜

人身束缚大为削弱。隆庆年间（1567~1572年）海禁废除，政府逐步放宽了对民间与海外的贸易限制。海禁的解除直接促使东南亚和南亚各个国家硬木向中国民间的大量输入。周起元在《东西洋考》序中说："……我穆庙（明穆宗即隆庆）时，除贩夷之律，于是五方之贾，熙熙水国……捆载珍奇，故异物不足述，而所贸金钱，岁无虑数十万，公私并赖，其殆天子之南库也。"明代中晚期商品经济的发展、城市的扩大、市镇的兴起、各种贸易的繁荣、消费市场的繁盛等因素共同促成手工业的迅速发展。涌现了许多有名的手工匠人，如龚春、时大彬、赵良璧等。他们的作品艺术性很高，价格不菲，是文人、缙绅、富商、市井的争

相购买之物。匠人们的文化水平也随着经济地位的提高而上升。

明代后期工艺的专业化分工越来越细。当时有专门介绍民间木工工艺的专著《鲁班经》，在万历年间另增加了"小木作"，即家具器物的制作，并改名《鲁班经匠家镜》，书中真实地描绘和记述了各种木工技艺。明代家具的工艺，尤其是木工的榫卯结构和漆工的各种漆艺，在明代达到了技艺上的高峰和稳定。木质家具的各种结构，比如攒边打槽装板、各种腿足与面板的连接结构、束腰结构、夹头榫、插肩榫、托泥、霸王枨等，令人眼花缭乱的榫卯结构在明代家具中已发展成熟和推广。明代的漆艺较之前代，工艺

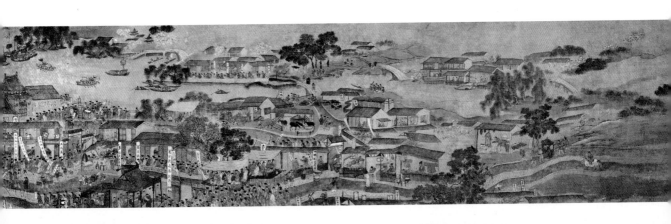

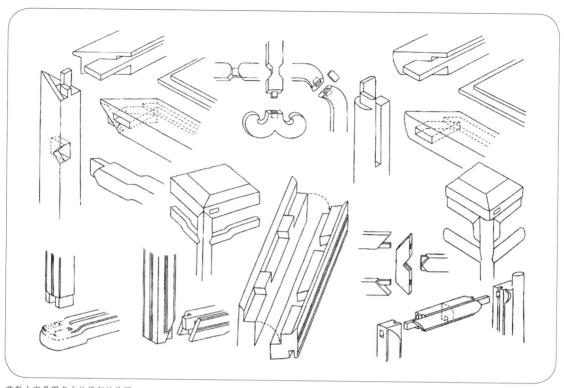

花梨木家具图考中的榫卯结构图

的手法更加丰富繁复，剔红、填漆、描金、螺钿、百宝嵌等工艺和表现手法，得到了人们的喜爱和推崇，更加趋于精细和巧丽。晚明的漆工黄成，著有《髹饰录》一书，是我国现存唯一的一本介绍古代漆工的专著，他的著作总结了前人和自己的经验，较为全面地介绍了有关髹漆的各方面知识，对古代的髹饰工艺进行了较为系统的分类、解说、分析和总结。明代木工和漆工等百工技艺的发展，为明代家具的发展和繁荣提供了无形的技术基础。城乡经济的繁荣发展，由此推动了文化思想领域的变革，改变了社会时尚。特别是明中叶后，在经济发展和政治变革的呼唤下，文学、艺术、工艺乃至哲学、美学思想均表现出了前所未有的新景观。与以往各代文人轻视工艺的情况不同，明代很多文人热衷于家具的研究和设计，他们在家具的形制、尺寸、材料、工艺、装饰以及家具的审美标准等方面都留下了大量的文字记载，超过以往任何朝代。如明代文人文震亨（明

四家之一文徵明之孙）在其所著的《长物志》中介绍了当时家具的材质、结构、装饰和用途以外，还阐述了自己对家具形制、装饰和陈设的审美观点。还有王圻、王思义的《三才图会》、高濂所著的《遵生八笺》，屠隆写的《考盘余事》均对家具的设计作了分析。

"吾苏学宫，制度宏壮，为天下第一。

五代 顾闳中 韩熙载夜宴图卷（局部）
绢本设色 纵 28.7cm 横 335.5cm 故宫博物院藏

明 唐寅 临韩熙载夜宴图（局部）
绢本设色 纵 30.8cm 横 547.8cm 重庆市博物馆藏

从唐寅临《韩熙载夜宴图》中，我们清楚地而又具体地看到了明代文人参与家具设计的事实。如在上图的"宴后"段落中，唐寅增绘了一个大折屏，屏的左方加绘了一张方桌，屏的右方加绘了一个座屏，使画面比原画的可视性更强、更有生活味道。唐寅在整卷画的临摹再创作中，除原作中二十多件家具外，又根据自己对苏州明式家具的爱好，独具设计增绘了二十多件家具，种类涉及桌、案、凳、屏等，仅凳就有方凳、腰凳、绣墩；屏有座屏、折屏和前障，且陈设适宜，布局合理。不仅起到了对原作的烘托作用，而且充分反映了唐寅对明式家具款式、布局的体察入微、熟知有素。作为画家、文学艺术家又对家具制作工艺具有如此独具匠心，这在中国绘画史上是罕见的。

人才辈出，岁夺魁首。近来尤尚古文，非他郡可及。自范文正公建学，将五百年，其气愈盛，岂文正相地之术得其妙欤！"自北宋景祐年间范仲淹首创苏州府学，并延请大儒胡瑗主持，苏州人自此渐渐养成向学的风气。当时人都认为苏州的繁华要归功于范仲淹办学，才会有今天的气势，可见文化风气非一日之功，而是经过了数百年积累培育。据统计，明代89科会试中苏州府进士有1075人，占全国总数的4.32%，天子门生的状元有89人，占总数的四分之一。张居正之后的首辅申时行和王锡爵（相当于今日之首相），吏部左侍郎叶盛，南京刑部尚书王士贞，各个领域都有苏州出去的人作为领袖。画史上明代董其昌《容台别集·画旨》记载，元代黄公望、王蒙、倪瓒、吴镇四人，为元季四大家。明四家指苏州的沈周、文徵明、唐寅、仇英四位明代画家。苏州古为吴地，故又称沈、文、唐、仇为"吴门四家"。元四家、明四家他们都诞生并活动于经济繁荣，文风昌盛的苏州及周边地区。文人雅士在吴地云集，彼此交游。以吴门画派领袖沈周为例，沈周所处时代已不存在民族间的政治对立等因素，他的"隐遁"

不是为了逃避现实采取的消极态度，而是崇尚古代
高士的隐逸生活方式。在他平生的社会交往中除了
诗人、书画家、僧人等，与当朝要员、地方官僚都
联系密切。如成化八年以会试廷试皆第一名而入仕
的吏部尚书吴宽、王恕、王济之、官至太子太傅礼
部尚书兼文渊阁大学士的李东阳，终其一生都有唱
和。文徵明，唐寅，仇英莫不如此。因此可以肯定
吴门的影响力是何其巨大。吴地文人除了喜欢丹青
书法还喜爱听戏，而且善于推陈出新。本来北曲的
影响很大，后来民间艺人魏良辅在嘉靖年间综合南
曲、北曲之长，以本地土腔为基础，吸收了"海盐腔"、
"余姚腔"的优点，使昆曲更加委婉，优雅动听。
苏州每年中秋在虎丘举行的赛曲大会声动一时，吸
引了南北各地的艺人前往表演，邻近地区的百姓前
来观赏。张岱曾对此有过详细的描述："天螟月上，
鼓吹百十处，大吹大擂，十番铙钹，渔阳掺挝，动
地翻天，雷轰鼎沸，呼叫不闻。更定，鼓铙渐歇，
丝管繁兴，杂以歌唱，皆'锦帆开澄湖万顷'同场
大曲。蹲踏和锣，丝竹肉声，不辨拍煞。更深，人
渐散去，士夫眷属皆下船水嬉。席席征歌，人人献
技。南北杂之，管弦迭奏，听者方辨句字，藻鉴随之。
二鼓人静，悉屏管弦，洞箫一缕，哀涩清绵，与肉

当时云集在苏州的文人对家具的钟情确实是空前的，如
与唐寅齐名的"明四家"之一的仇英，对家具也情有独钟。
仇英人物仕女画代表力作之一《汉宫春晓图》所描绘的
虽是汉时宫廷的嫔妃生活场景，但画中所展示的景物，
特别是家具，是典型的明式家具。众所周知，汉朝仍处
于席地而坐的时期，时人所用的家具也都是低矮家具，
但如画中"演乐"段中的明式高型条桌，仇英便描摹得
极为精致、惟妙惟肖。

明 仇英 汉宫春晓图 绢本重彩 纵 30.6cm 横 574.1cm 台北故宫博物院藏

相引，尚存三四，诤更为之，三鼓，月孤气肃，人皆寂阒，不杂蚊蚋。"称得上盛况空前。到明中后期，苏州的民间戏班子也逐渐多起来，有钱人家里出现了私人戏班，女戏在苏州也很多，常熟钱家、苏州王家和苏州洞庭朱家都有女戏班。

正因为有这些文化人，苏州的昆曲才会同苏州的服饰一样广为流传，士绅阶层才会形成吟诗作画，唱戏度曲，弄花养草的文雅之风。他们互相影响、相互推动促进江南的艺术发展。在明中期至明末的一个多世纪里，江南一地文人荟萃，因此吴地内外的文学家、诗人、戏曲家、书画家、收藏家及其他文士、医士都以漫游在江南为乐事。失意遁世的士人更以吴地为栖身之所。明代文人的参与不仅大大增加了家具的美的需求，还兴起了对家具设计的钻研之风。家具不再仅是实用的

明 沈周 为祝淇作山水图轴（局部）
绢本 纵 103.6cm 横 49.6cm 浙江省博物馆藏
此画为明正德二年沈周八十一岁时为祝淇九十寿诞而作。沈周为人豁达大度，广交贫富，不拘小节，上至公卿大夫下至贩夫牧竖皆能与之为善。祝淇（淇又作祺），海宁人，字汝渊，号梦窗，封刑部主事。其诗颇受选家注意，七言绝句有晚唐风韵，著有《履坦幽怀集》。明代文人与仕人密切的交游，文人艺术对仕人角色艺术情怀的影响，从这幅画中或可一窥。

器具而已，它也开始成为体现生活品味的艺术表现者，以及身份的象征。传统文化中蕴含的文人气质，通过明式家具的造型得到充分的体现，家具形式也呈现艺术化倾向。文人士大夫的参与、经济、戏曲、工艺的高度成熟，明式家具的高度其实是各个文化领域达到一定高度时期的产物。它与我们传承下来的生活息息相关，绘画格调当中讲究的情趣，优雅，生活都能在经典的明式家具上看到影子。

明式之质

明式家具的材质从年份上来看，历经三四百年而传世的，当时是用黄花梨、鸡翅木、铁力木、老红木、紫檀等外来硬木及部分榉木、楠木、柏木等本地相关杂木所作。江南多雨，水患对于依河成市，临水而居的江南住户来讲，祖祖辈辈早已习以为常。对于有雄厚财力的乡绅，士大夫阶层而言，材质的选择一方面出于品位的追求，另一方面实用耐用也符合当时的时代特征。

在绘画当中，吴门画家讲究纸张。据记载明代苏州及周边地区生产的纸张品种达100多种，以江南地名命名的产品有十几种，如吴纸、常山柬、铅山纸、安庆纸、新安纸，而吴纸被人称为天下第一好纸。苏州的书市也是四大书市之一。苏州书坊最大的特点是刊本数量多，刻印质量高，苏刻种类很多，经、史、子、集都有，到明中后期，小说、文学作品最多，质量也好。王士性《广志绎》讲到"姑苏人聪慧好古，亦善仿古法为之。书画之临摹，鼎彝之冶淬，能令真赝不辨。又善操海内上下进退之权，苏人以为雅者，则四方随而雅之；俗者，则随而俗之。其赏识品第本精，故物莫能违。又如斋头清玩，几案床榻，近皆以紫檀花梨为尚。尚古朴不雕镂，即物有雕镂，亦皆商、周、秦汉之式。海内僻远，皆效尤之，此亦嘉、隆、万三朝为盛。"按现在说法就

是对于生活质量的追求，已大大延伸至视觉、触觉等感官方面的享受。读的书，用的器物，眼睛看到的周边环境，都要给人以值得回味之处。与之相配套的家具材质自然是有实力人家的首选，尽显奢华之风。

可以想象，在隆庆帝开海禁前，明式家具用材多是榉、楠、松、柏、苦梨等原材地木材，它的优势是成本低，取材方便。家具形制自唐宋元以来都有流传。明中后期黄花黎，鸡翅木，铁力等外来硬木的大量使用，为明式家具在工艺上的发展提供了保证，吴人的聪慧使得物尽其才，同时我们也不能忽略这样一个事实，有相当一大批追求品位，有学问但经济不能达到使用外来木材的群体，他们的选择必然是用本地木材制作家具。从目前民间相当一大批收藏明清家具的实物来看，苏州及周边地区的历代的家具，榉木、柏木、杉木还是占绝大多数，这些家具的制作者同时也是高档硬木家具的制作者。这一事实对于研究明式家具，保护明式家具及其相关工艺有极其重要意义。假如我们对于明式家具的收藏研究标准以目前拍卖价格成为明清家具风向标的黄花梨，紫檀等为重点，而忽略榉木，柏木的实际学术价值与经济价值，犹如博物馆只注重宋元名画而忽略其他时期与其他流派的画家，那是可笑的，如此标准，国内一大半博物馆要关门。故而对于明式家具的定位与学术研究要有待更深入、更客观、更系统、更科学的分析。以传世的地产实木——榉木为例，在历经数百年沧桑之后，所呈现的优雅光泽，美丽的纹饰，风化的包浆都能打动人心。金钱能买到名贵材料，但买不到岁月赋予的质感，一种沧桑美。王世襄前辈在明式家具研究中说到平身只到过苏州东山一次，就一次即印象深刻。江南民风就如明式家具，尚古，尚朴。故而对于祖辈传世的家什除战乱，动荡以外，基本都会代代相传。材质美的范畴更应超越其木材本身，岁月在家具内外留下的风化程度，形制的古朴，做工的精良，材质恰到好处的运用，以及髹漆工艺，装饰图案的画龙点睛都应列入欣赏的内容。材质美的意义更宽泛，如果一段新的黄花梨与一张经典的饱经岁月痕迹的明式榉木家什相比较，就材质而言，毋庸置疑，没可比性；但就文化含量而言，到代的明式榉木、柏木、楠木家具应该更具学术价值。

明式家具的形制从现代美学角度来看，是无与伦比的。无论是它的弧度，圆角，边线，到装饰图案的处理。它虚空间的分割，令人眼花缭乱的榫卯结构，都独具匠心。现在有很多明式家具的残部件，都能单独欣赏，作为独立件而存世。苏州、杭州的园林各有特点："江南名郡，苏杭并称。然苏城及各县富家，多有亭馆花木之胜，今杭城无之，是杭俗之俭朴，愈于苏也……苏人陈地，多榆、柳、槐、樗、楝、谷等木。浙江诸郡，惟山中有之，余地绝无。苏之洞庭山，人以种橘为业。亦不留恶木，此可以观民俗矣。"从中可以看出苏州人喜欢园林，对居住环境要求很高。苏式园林名甲天下，始建于明嘉靖初年位于无锡惠山东麓惠山横街的寄畅园。清代乾隆

帝下江南，到了此园，欣赏它的建园美妙，意境深远，题字作诗赞叹有加，后来在颐和园内复制了一个园子，取名：谐趣园。

园林之中除了假山、湖石、廊轩、古树名木，奇花异草之外，家具也是园内不可或缺的灵魂。园林是躯壳，家具是腑脏，在这回归自然的人工园林内，家具的形制必然与周围环境相协调。陈从周先生在《说园》一书中对苏州园林有过精辟的论述，当时虽历经战乱，劫后余生的大小园林尚存百余个，故而与之相配套的苏作传世家具在造园之初就开始了设计制作。古代造园往往是几代人的工程，历经时间的考验，家具也往往在众多挑剔的眼光中不断调整改进。厅、廊、轩、亭、阁陈列的家具往往是形制与周围环境最协调的，具有点睛，提神，实用的作用。在崇尚天人合一的古代文人心目中，神气必定要依附于形制，型不美则神无，故而明式家具的形态或橱、或庋、或几、或案，无不神采飞扬，神光内敛，精气十足。故而传世的明式家具是与中国的古典建筑，造园环境，主人的精神追求并与之经济实力相一致的。

现在，崇尚明式成为一种时尚，明式已成为一种抽象的符号。在三四百年前的明代，当全国效仿苏州时："民间风俗，大都江南侈于江北，而江南之侈尤莫过于三吴。自昔吴俗习奢华、乐奇异，人情皆观赴焉。吴制服而华，以为非是弗文也；吴制器而美，以为非是弗珍也。四方重吴服，而吴益工于服；四方贵吴器，而吴益工于器。是吴俗之侈者愈侈，而四方之观赴于吴者，又安能挽而之俭也"。人的跟风从众之心乃是古今之弊病，而当西风冲击之今日此风又演变为一味追求名车、名包、服饰等行径。然而，骄奢之风毕竟只是一时刺激，随着经济文化实力的提升，人们开始理性地回归。对居家环境更合理的重视与对人文精神的认识与倡导，会使更多的人开始关注并崇尚人文的明式。明式本是汉文化的集大成果实，但是正如前面所述，它不是孤立的个体，或许我们会欣赏它的工艺，或欣赏它的材质，但我们不能忽略它的精神内涵与文化价值。所谓独木不成林，兼收并蓄，这应该才是明式背后凝聚的精神所在。

陈刚 / 画家

明 唐寅 事茗图 长卷纸本设色 纵31.1cm 横105.8cm 北京故宫博物院藏

研山索远

读往会心 RETROSPECT AND COMPREHEND

文　陈原川

研山堂中郁郁葱葱，素石林立。过往行人常常不多，留驻者更少。在一方天井下，屋檐与日光并立，承过雨的玻璃隔在两者之间。每日的起承转合中，多时是在一寂静处，静听四周泛起的风竹余音。立在园中湖石前，在等待着鱼儿探出石缝的可爱中，往往心如空潭，余音们也在某一刻呈现了微妙谐趣。

　　研山堂的创作稀释在每日的光影之中，倾听心跳的分分秒秒，因一时的灵光而加速，石与砂，砂与器，唐与宋，宋与明游弋千年。创作的喜悦每每醉于这安静的一隅，飘荡在空中的往往是愈古愈新的气息。

　　研山堂所得名，与此情不可分离。所谓赏石雅玩，石是天工所得，殊无人工做作，最得堂中推崇。然看似并无光华的太湖石，又何以让千年来的文人墨客竞相追捧？或因知音世所稀，一方顽石中也有文人之精神的真性情所在。文人寻求的是超脱放达，自然本心不失才有诗性生发。故此真性情不失，则文心不失，文脉不竭，故爱石更不能止。在此基础上，古今又有何差别呢？然古今各朝，虽同是爱石，又各有各风趣，实是吾等研山之源泉也。

一、石之出高古

史上最早有文字记载的赏石，至少可追溯到3000多年前的春秋时代。

据《阚子》记载："宋之愚人，得燕石于梧台之东，归而藏之，以为大宝，众皆闻而观焉。"其实，远在此前的商周时代，作为赏石的先导和前奏——赏玉活动就已十分普及。《说文》云："玉，石之美者"，由于玉产量太少而十分珍贵，故而以"美石"代之，自在情理之中。此后，中国赏石文化以赏玉文化的衍生而发展。奇石、怪石后来也跻身宝玉之列而成了颇具地方特色的上贡物品。《尚书》曾载：当时各地贡品中偶有青州的"铅松怪石"和徐州的"泗滨浮磬"。显然，这些3000多年前的"怪石"和江边的"浮磬"者是作为赏玩之物被列为贡品的。

社会发展，园囿出现，赏石首先在造园中得到了一方位置。从秦、汉时代古籍、诗文所描述的情景得知，秦始皇之"阿房宫"和其他一些行宫，以及汉代的"上林苑"中，点缀的景石颇多。"一池三山"的布局手法，

唐 孙位 高逸图卷 绢本设色（左页图）
纵 45.2cm 横 168.7cm 上海博物馆藏

北齐 崔芬墓 高士屏风壁画
山东临朐海浮山出土
魏威烈将军长史崔芬（字德茂，清河东武人）
的墓葬中壁画多幅都有奇峰怪石。其一为描绘
古墓主人的生活场面，内以庭中两块相对而立
的景石为衬托，其石瘦峭，并配以树木，呈现
了早熟的造园缀石技巧（右图）。这幅壁画，
比著名的唐朝武则天章怀太子墓中壁画和阎立
本名作《职贡图》中所绘树石、假山、盆景
图，又提早了 100 多年。

使孤赏石和叠赏石相映成辉，成为一种园冶传统。即使在战乱不止的东汉及三国、魏晋南北朝时期，一些达官贵人的深宅大院和宫观寺院都很注意置石造景、寄情物外。东汉巨富、大将军梁冀的"梁园"和东晋顾辟疆的私人宅苑中都曾大量收罗奇峰怪石。

　　1986 年 4 月，考古学家在山东临朐发现北齐天保元年（公元 550 年）魏威烈将军长史崔芬（字德茂，清河东武人）的墓葬，墓中壁画多幅都有奇峰怪石。其一为描绘古墓主人的生活场面，内以庭中两块相对而立的景石为衬托，其石瘦峭，并配以树木，呈现了早熟的造园缀石技巧。这幅壁画，比著名的唐朝武则天章怀太子墓中壁画和阎立本名作《职贡图》中所绘树石、假山、盆景图，又提早了 100 多年。可见，中国赏石文化早在公元二世纪中叶的东汉便开始在上层社会流行；到五、六世纪的南朝，已达相当水平。

　　到了魏晋乱世，赏石开始脱离单纯的庭院欣赏，而是受玄虚之风萦绕，多了一面精神化的交融。这是中国历史上一个社会激烈

剧变的时代，然而在这混乱中，却也是精神史上极自由解放，最富于智慧、表现热情的一个时代。因而也是最富有艺术精神的一个时代。政治思想的多元化使得许多文人墨客、有识之士寄情山水、崇尚隐逸，以虚灵的胸襟、玄学的意味体会自然、将自身融于山水之中，"竹林七贤"就是当时的代表人物。

　　北魏杨炫之《洛阳伽蓝记》，载当朝司农张伦在洛阳的"昭德里"："伦造景阳山，有若自然。其中重岩复岭，嶔崟相属，深蹊洞壑，逦递连接。"张伦所造石山，已有相当水准。晋征房将军石崇在《金谷诗序》中描绘自己的"金谷园"："有别庐在河南界金谷涧中，或高或下。有清泉茂林，众果竹柏，药草之属。又有水碓、鱼池、土窟，其为娱目欢心之物备矣。"清泉、礁石、林木、洞窟俱全，已是园林模样。《南齐书》记载南齐武帝长子文惠太子，在建康台城开拓私园"玄圃"。园内"起出土山池阁楼观塔宇，穷奇极力，费以千万。多聚奇石，妙极山水。""奇石"一词在这里首次出现，可见

古今赏石感念的相通。

六朝是个唯美的时代，先秦时代儒家曾以自然山水比拟道德品格，山水被赋予一种伦理象征色彩，魏晋时期则完全冲破了"比德"学说的范畴，晋人在外发现了自然之美，在内发现了人格之美，两方映照，彼此合聚。南朝钟嵘《诗品》引文说："谢诗如芙蓉出水，颜诗如错采镂金。"谢灵运与颜延之山水诗的不同风格，被延伸为两种美学特色。《世说新语》说："羲之风骨清举"。"风骨"之格不同于单纯的性格，便也不是一种单纯的意气。性格多是与生俱来，而"风骨"之人格则还有后天的塑造，是对生命的取舍与感知，融合又贯通的风度与气质。

人格之美与"风骨"相联，是晋人的创造，"风骨"也以一种独特的无形姿态进入到了美学范畴。

二、古之赏石观

美学家朱良志在《真水无香》中说："石是有风骨的。瘦石一峰突起，孤迥特出，无所

唐 冯承素 摹本 神龙本兰亭集序（局部）
纸本 纵 24.5cm 横 69.9cm 北京故宫博物院藏
宋 马远 王羲之玩鹅图（右页图）
绢本淡设色 纵 115.9cm 横 52.4cm 台北故宫博物院藏

"羲之风骨清举"，这其中的风骨，亦是一种人格之美。风骨自有许多表征，如刘裕的"风骨奇特"，蔡搏的"风骨鲠正"等。各人的风骨源于其独有的生命视角，王羲之观鹅舞颈而妙悟书法之道，写经却用与山阴道士换鹅，甚或其行于世上，种种做派行止，构成了他的独有人格，便映射到了书艺上。从这一点看，羲之的字只能是羲之的字，一味模仿是徒劳的，它来源于他举手投足的无二生命。

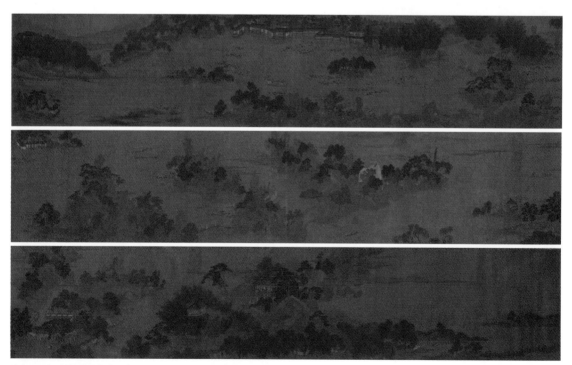

北宋 王诜 金谷园图 绢本设色 纵 32cm 横 500cm 北京故宫博物院藏

物言志与石明心志中，文人们与无言之石对话，进行着内心的自我关怀。辉映的两者经过了唐代的消化融合，逐渐地焕发出了诗性人文的先兆，为其后宋代赏石的高峰作铺垫。"文人石"的时代开始了。

宋代的园林和赏石文化同其他文化现象一样达到鼎盛。可称作是文人艺术的主导与融合，在这其中，不得不重视宋徽宗赵佶这个颇为关键"文人皇帝"的作用。

宋徽宗政务平平，甚至有间接亡宋的嫌疑，但其醉心于书画，在文人艺术、园林、赏石等方面他毫无疑问有着独到之处。由于他作为帝王身份的主导，宋代自上而下地树立了对于文化推崇的风潮。有才华的文人雅士风流，因为受到帝王的格外青睐，荣登青云朝堂，得以一伸抱负。由于帝王首开风气，达官贵族、绅商士子争相效尤，朝野上下，搜求奇石以供赏玩之风极盛。赏石专著辈出，如杜绍的《云林石谱》、范成大的《太湖石志》、常懋的《宣和石谱》等；又有大书画家米芾爱石近癫，并开创了相石四诀之理论，即长期为后世所沿用的"瘦、透、漏、皱"四字诀。据南宋赵希鹄的《洞天清录集·怪石辨》载："怪石小而起峰，多有岩岫耸秀、嵌之状，可登几案观玩。"足见当时以"怪石"作为文房清供之风已相当普遍了，一度成为宋代的国人时尚。

在米芾、苏轼等赏石大家的引领下，司马光、欧阳修、王安石、苏舜钦等一众士人名流都成了当时颇有影响的收藏、品评、欣赏奇石的积极参与者。由于宋朝尚文之风，文人入仕从政，原本的政界士人又受到帝王的影响感染，赏石在宋代之主体——文人士大夫阶层得到了确立。宋代文化沿袭自唐，此朝文人虽有婉约忧愁之气但尤不失刚性，在常年面临外患的宋代，这样的忧愁常常呈现出"先天下之忧而忧，后天下之乐而乐"的为国而忧；也有"半落梅花婉娩香，轻云

羁绊。一擎天柱插清虚，取其势也。如一清癯的老者，拈须而立，超然物表，不落凡尘。"唐人也有诗："寒姿数片奇突兀，曾作秋江秋水骨。"首次将奇石与风骨联系起来。唐时，随着社会经济的昌盛，众多的文人雅士或官宦取代了帝王贵族，成为赏石界主流。其中除以形体较大而奇特者用于造园，点缀之外，又将"小而奇巧者"引进书房客厅作为案头清供，由此勃发诗兴，以友称之，以诗记之，以文颂之。文人的风雅人格在长时间的对坐中寄托于山石，而山石也常在彼此关照中以友相称。托

宋人 赤壁图页

当人渺小的生命面对这宽阔的天地，在大河之中不知旦夕，又回味起千年前的人物是非，只会感到自然的伟大与光阴的无声箭矢。如苏轼《赤壁赋》所言，"天地之间，物各有主，惟江上之清风，与山间之明月。"人行于世上，仅是过客，道家哲学早已说破这一点，在此之上，每个中国古典文士都有了一种背水一战的自我。赤条条来，赤条条去。或忧伤，或悲壮，知不可为而为之，又有谁真知果不可为呢？逝　者　如　斯　，　不　舍　昼　夜　，　当　无　畏　于　世　。

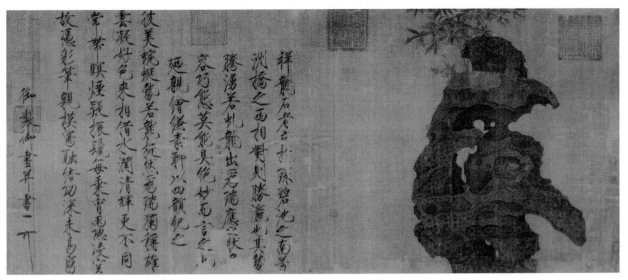

宋 赵佶 祥龙石图 绢本设色 纵53.8cm 横127.5cm 北京故宫博物院藏

薄雾。总是少年行乐处，不似秋光。"对生命亦逝之忧；其刚性一面，在"气吞万里如虎"，万军之中取叛将首级的辛弃疾；也在南宋灭亡时，携幼主跳海殉国的陆秀夫这样的文人身上。在宋朝的文人士大夫阶层中，赏石不止润养了其艺术修养，更承载了他们在一个常临外患的宋朝，为家国天下奔走，"治国平天下"之抱负的精神寄托。这是赏石文化在他朝文人中少见的肃然气象。

宋代赏石除去入室独赏，还有一体系是为景观入园。宋代造园经过了唐的融合消化，其艺术和技术都达到了成熟的阶段，其山石入园虽不及隋唐宏大，但其设计风气趋于清新、精致、细腻。尤其"文人园林"的兴起，集中反映了园林的新水平，写意山水画与写意园林充分表现出士大夫对可望、可行、可游、可居自然景观的追求。沿袭了晋人之风骨无形，宋代造园刻意追求意境，不拘泥细节，强调神似，山石也已成为普遍使用的造园之材。徽宗的一代名园"寿山艮岳"，便是一个具有划时代性质的园林作品。

徽宗之园 寿山艮岳

"景龙门内以东，封丘门（安远门）内以西，东华门内以北，景龙江以南，周长六里。"寿山艮岳于徽宗政和七年（1117）兴工，宣和四年（1122）竣工，随即又在1127年金人攻陷汴京时被拆毁。艮即为地处宫城东北隅之意。徽宗为建立起这座宋代的"空中花园"曾下令设"应奉局"于平江（今苏州），广纳全国奇珍。凡被选中的奇峰怪石、名花异卉，不惜工本精心搬运，派船千艘，"皆越海、渡江、凿城廓而至"。运奇石的船，曾以十船组成一"纲"，即历史上有名的"花石纲"。其劳民伤财与官吏横敛之甚，可说直接导致了其后的"方腊起义"。

艮岳昙花一现，今日我们只能从前人的描述中一窥想象。徽宗亲自所著《御制艮岳记》中曾写道："其东则高峰峙立，其下植梅以万数，禄荞承跃，芬芳馥郁，结构山根，号荞绿华堂。又旁有承岚、昆云之亭，有屋外方内圆，如半月，是名书馆。又有八仙馆，屋圆如规。又有紫石之岩，析真之磴，揽秀之轩，龙吟之堂；清林秀出其南，则寿山嵯峨，两峰并峙，列嶂如屏，瀑布下入雁池，池水清泚涟漪，兔雁浮泳水面，栖息石间，不可胜计。其上亭曰噰噰，北直绛霄楼，峰峦崛起，千叠万复，不知其几千里，而方广兼数十里。……"艮岳布置高下有致，动静得宜，在城市中的方寸之地间表达了山体的气势和变化，即所谓"壶中天地，咫尺山林"，可说是明式园林之鼻祖。让人徘徊其间，犹身

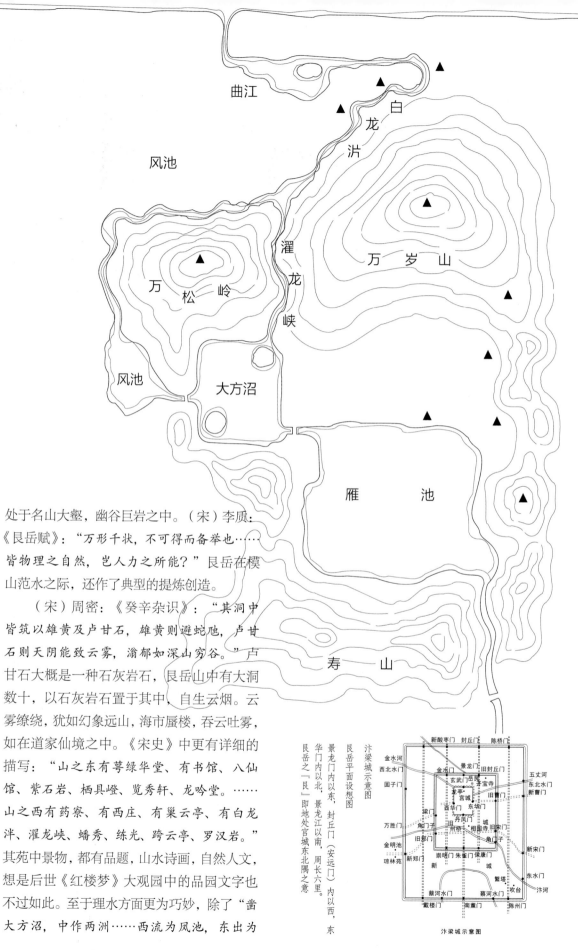

处于名山大壑，幽谷巨岩之中。（宋）李质：《艮岳赋》："万形千状，不可得而备举也……皆物理之自然，岂人力之所能？"艮岳在模山范水之际，还作了典型的提炼创造。

（宋）周密：《癸辛杂识》："其洞中皆筑以雄黄及卢甘石，雄黄则避蛇虺，卢甘石则天阴能致云雾，潏郁如深山穷谷。"卢甘石大概是一种石灰岩石，艮岳山中有大洞数十，以石灰岩石置于其中，自生云烟。云雾缭绕，犹如幻象远山，海市蜃楼，吞云吐雾，如在道家仙境之中。《宋史》中更有详细的描写："山之东有萼绿华堂、有书馆、八仙馆、紫石岩、栖具礴、览秀轩、龙吟堂。……山之西有药寮、有西庄、有巢云亭、有白龙泮、濯龙峡、蟠秀、练光、跨云亭、罗汉岩。"其苑中景物，都有品题，山水诗画，自然人文，想是后世《红楼梦》大观园中的品园文字也不过如此。至于理水方面更为巧妙，除了"凿大方沼，中作两洲……西流为凤池，东出为

艮岳之「艮」即地处宫城东北隅之意
景龙门内以东，封丘门（安远门）内以西，东华门内以北，景龙江以南，周长六里。

艮岳平面设想图

汴梁城示意图

汴梁城示意图

宋 赵佶 文会图（局部）绢本设色 纵184.4cm 宽123.9cm 台北故宫博物院藏

宋的极简与当代的极简风格不同，极简风格的现代设计大多和包豪斯有关，而宋的极简源于中国艺术精神，是道家思想的产物，相似的表象其实内在非常不同。徽宗对极简的理解是简与繁的并用，以极高的美学处理，干净和谐。

雁池"之外，更有"车驾幸临，则驱水工登其顶，开闸注水而为瀑布"。植物上有苏杭、湖广、巴蜀各地之奇花异木，生物上则有万计珍禽异兽毕集于此，鹤鸣九皋鹿鸣呦呦，生趣盎然。如今虽已不能亲见，但从文字当中，仍能想象出徽宗其个人之独行幻想。此中做法，可说在脱离魏晋"一池三山"园之后，又不完全与后世典型的文人山水园林相同，包含了更多个人的实验性做法。徽宗的这种个人化探索，虽然短暂，但其先锋程度已有当今舞台化的影子，绮丽纤巧，让人身临幻境。当下谈宋时必谈宋之审美、宋之简约，徽宗以一个文人皇帝影响一个帝国的审美，雨过天青色是何等的高雅，可以说宋是一个极简的社会，但宋的极简与当代的极简风格又不同，极简风格的现代设计大多和包豪斯有关，而宋的极简源于中国艺术精神，是道家思想的产物，相似的表象其实内在非常不同。徽宗对极简的理解是简与繁的并用，以极高的美学处理，干净和谐。宋之极简并不是现代的极简风格所能理解，台北故宫博物院赵佶《文会图》表现的是环桌而坐的文士，正进

行着茶会，满桌的器具极尽繁华之能事，徽宗的笔下是奢华的，较之艮岳审美是相同的，徽宗以天下一人的先锋思想走在时代的前沿，置于现代来看，徽宗融繁简于一体的极简，独具西方舞台思想的寿山艮岳也是后人难企及的。

值寿山艮岳完工十年后，靖康元年冬天，金兵围城。明人李濂的《汴京遗迹志》辟有"艮岳寿山"一节，说得很清楚。文中说："及金人再至，围城日久，钦宗命取山禽水鸟十余万，尽投之汴河，听其所之，拆屋为薪，凿石为炮，伐竹为篦篱，又取大鹿数千头，悉杀之以啖卫士云。"至都城被攻陷，居民皆避难于寿山、万岁山之间，次年春，祖秀复游，则苑已毁矣。随着金人将一部分山石作为战利品掠至中都（北京）；徽宗之子高宗皇帝把都城迁往临安（杭州）时也不忘奇石随运；更有汴京城破之时，各地花石纲亦停顿中途，遗落当地，多收入后世江南私家园林之中。艮岳遗石遍及大江南北，成为亿万百姓观赏之物，这恐怕是徽宗生前不可能想到的事。

宋朝灭亡之后的元代赏石呈现出一种低潮，其文献中有关赏石的记载极为稀疏、零散。或许是对宋朝举国风尚的一种反弹，抑或是一种国家被征服的反省。所幸文脉并未泯灭，明代迅速登场了。这时江浙一带的城市商业经济已空前发达，文化也有所传承，这使得立足于江南的文人艺术又焕发了新的乐趣。由于明朝不似宋朝举国尚文，反而稍显严酷，仕途也不如宋代通畅，士子不复他想；王阳明的心学和"知行合一"、"直指人心"，使士人更加关注生活本身的情趣和生命的体认。与此同时，文人艺术再次出发，并与能工巧匠达成一种协作，其中以紫砂艺术为代表，共同创造了晚明的精致生活文化。

明代造园之基础源于前朝，元代文人多不入仕，或寄情山水或移情文学艺术的创作，昆曲的产生推进了造园的发展，造园又促进了各类雅集与明式家具的出现，园中可以创作可以雅玩，园林逐渐成了文人的聚居场所，并成为文人的生活方式，一切的创作基于园林而展开。可以说戏曲、造园、雅集、

文徵明 东园图 绢本设色 纵30.2cm 横126.4cm 台北故宫博物院藏

明式家具正是这样相互发展相互促进的，江南良好的人文和经济环境，孕育了晚明的人文精神。

明代精致小巧的理念，深刻地影响到造园选石与文房赏石。明代的江南园林，变得更加小巧而不失内倾的志趣与写意的境界，追求"壶中天地"、"芥子纳须弥"式的园林空间美。明末清初《闲情偶记》作者李渔的"芥子园"也取此意。晚明文震亨《长物志·水石》中："一峰则太华千寻，一勺则江湖万里。"足见其以小见大的意境。晚明祁彪佳的"寓山园"中，有"袖海"、"瓶隐"两处景点，便有袖里乾坤、瓶中天地之意趣。计成《园冶．掇山》中说："多方胜景，咫尺山林，……深意画图，余情丘壑。"亦为如是。其文房清玩亦达到鼎盛，形制追求古朴典雅。因几案陈设需要精小平稳，明代底平横列的赏石和拳石出现得更多，体量越趋小巧。《长物志》中说："石小者可置几案间，色如漆、声如玉者最佳，横石以蜡地而峰峦峭拔者为上。"晚明张应文《清秘藏》记载：灵璧石"余向蓄一枚，大仅拳许，……乃米颠故物。复一枚长有三寸二分，高三寸六分，……为一好事客易去，令人念之耿耿。"晚明高濂《燕闲清赏笺》说："书室中香几，……用以阁蒲石或单玩美石，或置三二寸高，天生秀巧山石小盆，以供清玩，甚快心目。"明代赏石收藏中，尤以米芾后人米万钟之藏石著名。

米万钟之藏石

米万钟（1570-1628）字仲诏，号友石，是晚明著名文人，书法与董其昌齐名，合称"南董北米"。其绘画则深受吴彬影响，姜绍书《无声诗史》称："（米）绘事楷模北宋以前，施为巧瞻，位置渊深，不作残山剩水观。盖与中翰吴彬朝夕探讨，故体裁相仿佛焉。"

米万钟以"好石"著称，并将这种爱好追溯到自己的先祖米芾。（明）王思任《谑

明 米万钟 秀石图 故宫博物院藏

庵文饭小品·卷四·米太仆家传》中记载，米万钟对石头的痴迷，在一块房山石上表现得最淋漓尽致。这是一块北太湖石，长三丈，广七尺，昂首跂足，色润声清，米万钟在北京房山找到后希望将其运到勺园。他雇了两辆车，十匹马，上百名民夫，花了七天时间才将石头拉出山，又运了五天，只走到良乡；人疲财尽，无奈之下只好就近找块田地放置巨石，在周围筑起垣墙和房屋，派人像守护祖坟一样看守，每年米氏都要前去拜望。一百多年后，乾隆帝凭借皇家之力才将此石运到清漪园，即今天颐和园里著名的青芝岫。

　　小到在掌中把玩的雨花石，大到重逾万斤的房山石，都得到米氏的青睐。他在北京城内的湛园旁有一座"古云山房"，专门供放自己收藏的奇石。《春明梦余录》记载："古云山房，米太仆万钟之居也。太仆好奇石，蓄置其中。其最著者为非非石，数峰高耸，俨然小九子也。"王思任《米太仆家传》也说："所憩古云山房，房中积卷石为山，草木生之，宝藏兴焉。事事欲异人也。所蓄石几至万金，独一石峰诡响，越宠之别馆以当御。征闽人吴文仲，用孙位画火法，图出，遍索四天下题呼。"《春明梦余录》提到房内最著名的是非非石，王思任也专门提到此石，并评价为"独一石峰诡响"。非

非石是一块50多cm高，置于案头几上欣赏的灵璧石，后来米万钟将其从古云山房请出，专设一馆供放，并请吴彬为其画像。非非石今已不知流落何处，所幸吴彬所画《十面灵璧图》却有流传至今。

　　（宋）杜绾：《云林石谱·上卷·灵璧石》中记载，《十面灵璧图》共有十幅，分别从正面、背面、左面、右面等十个角度表现非非石，每幅图右边都有米万钟的题识，图文相配，奇石的形态和精神呼之欲出。非非石是米家藏石中的上品，这件长卷也是一幅杰出之作。王思任专门指出，吴彬运用了唐人孙位画火的手法，图中奇石筋脉勾连，宛如升腾的火焰，极富动感。吴彬突破了传统绘画表现山石和挥笔运墨的常规，将所绘之物精确地呈现在观者面前，非非石的姿态轮廓、质地纹理都历历在目，使观者几乎忘其为图，可以毫无距离地进行把玩与品赏。常见的灵璧石姿态纹理俱佳，只可惜产自土中，通常只有一、两面嶙峋劲秀，四面皆有可观者，"百无一二"。而非非石之特异之处就在于面面皆奇，古人常以灵璧石不能全美为憾，但非非石却不止四面，而是十面皆有可观。吴彬的画题名为《十面灵璧图》，全方位地表现此石，正是为了突出非非石的非凡之处——

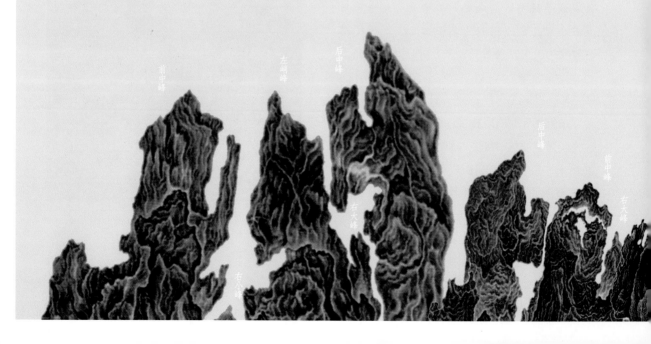

这是一块万中无一的全美灵璧石。

米万钟从非非石里看到了锥戟钩剑、古雪冻泉、出浴的西施、起舞的飞燕……这些是灵石之形；董其昌从中看到了水之蜿蜒、金之锋锐、木之郁秀、土之起伏，则可谓灵石之神。但实际上此石非钩非剑、非雪非泉、非水非金、非木非土；就像麒麟和龙一样，虽然似牛似鹿、似蛇似虎，却又非牛非鹿、非蛇非虎；而恰恰是这种似是而非，使这两种动物成为人们心中的灵兽。也是出于同样的原因，包罗众相而不拘一形的非非石获得了极高的赞誉，成为米氏藏石中的镇馆之宝。

晚明是一个政治黑暗而压抑的时代，虽有心学支撑着文人的内心独立，但他们始终是因为仕途断绝才转向精研生活之乐，这从根本上来说更像是一种委曲求全。文人在传统社会中属于士人阶层，受到的是儒家以治国平天下为己任的传统教育。而之所以与宋代士大夫不同，宋代从上而下对艺术的推崇得以仕途通畅，文人或多或少都能一展家国抱负。最少，也得以怀揣着文心走出小家，目放九州。而始终临近着强大外族的宋朝，其文人又担负着国之战时的一份骨气，家国天下的责任。而明代则不然，朝堂之中刑苛严严，君权奇大，对外也并无大敌。故明代呈现的环境更多是不能施展抱负，

并且被迫固守小家，又有谨言讳声的窘迫。谁又能说在这种环境下让士人阶层投身精研生活之趣不是一种自保呢？论胸怀论气象，也论自我个人的完整度，私园内低吟浅唱的明代文人实是逊于出门入世的宋代文人。

明之后的清朝呈现的更是一种文化的衰退期，朝代更迭，文字牢狱，太平天国等都对江南文士造成不同程度的打击，而紧接着的民国面对的则是西方文明崛起，整个东方传统文化都面临倾覆之险，这更是历史上从未有过的。在牵动全世界的炮火和对抗撕裂中，赏石与其他传统文化一样必然进入了一种沉寂。似乎是象征着山石本从沉没中生出，登堂入室的时间太久，则必然要迎来同样多时的出世，回归同样时长人世外的静默，时光便飞速奔向了二十一世纪。

研山之铭

高濂《燕闲清赏笺》有云："研山始自米南宫，以南唐宝石为之，图载《辍耕录》，后即效之。""研山"究竟为何物，答案有二：一曰山形之研，即砚台的一种，可以磨墨，又名"山砚"；二曰小型的山形之石，抑或山形笔架，可置于案台或置于砚侧而得名。现藏重庆市博物馆，清人罗聘等人绘画的《研

不论世情是东风还是西风，人太短暂，石太厚重。

宋 赵佶 听琴图轴（局部）
绢本设色 纵147.2cm 横51.3cm
北京故宫博物院藏

山图》，卷中有米家的研山拓本与画像，更有著名金石学家翁方纲的一篇《宝晋斋研山考》，此文洋洋二千余言，内容详赡，颇与"研山"名实有关。翁氏考察得很清楚，米氏一座《五十五峰》，中有"二寸许"方寸之地，可以磨墨，属于砚台，又名"山砚"，另一座《高下凡六峰》，无处磨墨，"不得名为山砚"。可见"研山"一词，解释起来确实应分两个意义才妥帖。

林有麟《素园石谱》有记米芾"宝晋斋研山"和"苍雪堂研山"并以极富吸引力的语言描述了米芾收藏研山的故事："米尝守涟水，地接灵璧，蓄石甚富，一一品目，加以美名，入书市终日不出。时杨次公杰为察使，知米好石费事，往正其癖……米径前以手于左袖中取一石，其状嵌空玲珑，峰峦洞穴皆具色，极清润。米举石宛转翻覆以示杨曰：'如此石安得不爱？'杨殊不顾。乃纳之左袖，又出一石，叠峰层峦，奇巧更胜，杨亦不顾。又纳之左袖，最后出一石，尽天划神镂之巧，又顾杨曰：'如此石，安得不爱？'杨忽曰：'非独公爱，我亦爱也。'即就米手攫得，径登车去。"众所周知，米芾性嗜书画奇石，贪得无厌，有关趣闻轶事不少，米氏所得研山应该不在少数，以《研山铭》这卷墨迹记录之研山，或许才是米老的看家之物，可惜神物化去，未传后世，后人只能依据铭文的描写来想像其风采了。

研山到明代已经成为文房中十分重要的陈设。高濂《燕闲清赏笺》记云："余见宋人灵璧研山，峰头片段如黄子久皴法，中有水池，钱大，深半寸许，其下山脚生水，一带色白而起磈砢，若波浪然，初非人力伪为，此真可宝。又见一将乐石研山，长八寸许，高二寸，四面米糁包裹，而峦头起伏作状，此更难得。"这些有关宋代研山的故事显然会深刻地影响明人对研山的欣赏。从这些记述来看，明人所欣赏的研山追求体量小巧、质地清润、表面皴皱、形状或嵌空玲珑或层峦叠嶂，洞穴峰峦间多藏有一汪研池。明代，研山之石仍以灵璧、英石为佳。《燕闲清赏笺》有云："大率研山之石以灵璧、应石为佳，他石纹片粗大，绝无小样曲折、岰崿森竿峰峦状者。""研山"者体态小巧，出于案上，自为砚或与砚台笔墨为伴，其小中见大的想像，合于文人的赏石观，一直以来为文人珍爱。

石之新世纪

在沉寂的近百年里，赏石曾在 20 世纪末的一些美国学者那里引起了兴趣。在大量的研究后，以美国收藏家理查德·罗森布鲁姆（Richard Rosenblum）的《worlds within worlds》，（译作《世界中的世界》）为代表，赏石出现在了海外的视线中。书中这位收藏家兼雕塑家将文人赏石结合了西方抽象与表现艺术做理解，以一个西方当代艺术家的角度做出了一番全新的解读，其中不乏独到的见解。如他认为，古代赏石木座上突出的乳丁纹饰（主要是清代苏州工），象征着洞穴中的钟乳石，而奇石本身代表着道家思想中的仙山。他将中国古代赏石视作一种艺术品，是基于两方面的判断：一是他经过

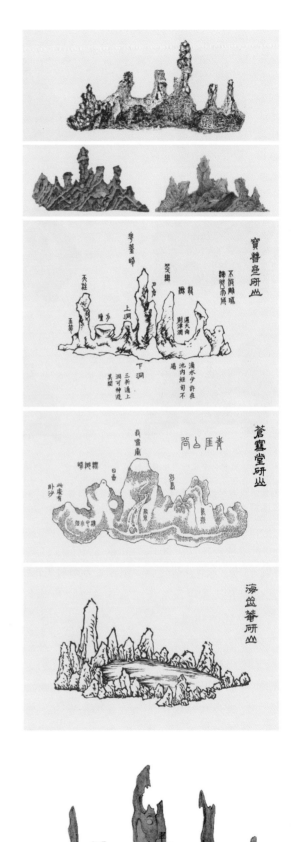

罗聘等合作研山图卷中的研山（图一、图二）

素园石谱 宝晋斋研山

素园石谱 苍雪堂研山

素园石谱 海岳庵研山

米芾《研山铭》中的研山

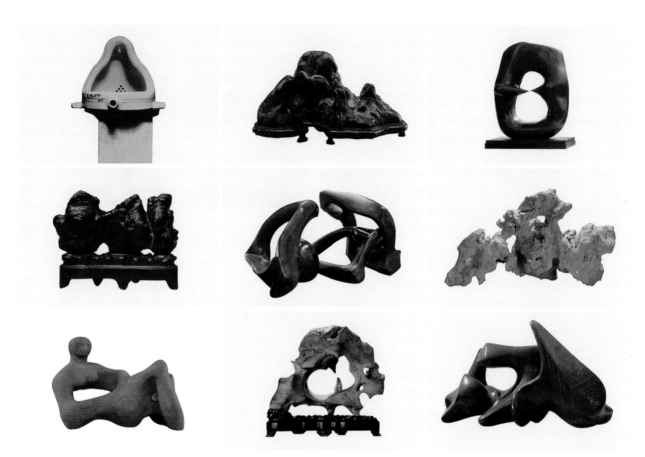

西方的古典人物雕塑至多通过"轮廓"创造了有限的物象，而中国的古典赏石则通过"孔、洞"创造了无限的空间。英国现代雕塑家亨利·摩尔创作过许多带有孔洞的抽象雕塑（又称"摩尔之孔"），他曾经提到："作为一种有意识的、经得起推敲的形式，仅仅带有空洞的石头，也可以构成一座立在空中的雕塑。"将摩尔的现代雕塑与中国古典赏石放在一起，可以看到两者灵感的共通之处。也正是从摩尔开始，西方雕塑家开始对于"体块"相反的"孔洞"进行了自觉的探索。

仔细地观察，发现文人石大都经过加工（雕凿、打磨、涂色）处理，"赏石之为雕刻艺术，足使那种认为中国唐代以来或佛教以外雕刻无存的观点休矣。"（RobertD. Mowry）二是他认为底座是一个戏剧化的重要装置，是文化与自然的巧妙结合，也是奇石有别于其他艺术品形式的最大特点，"拿走底座，奇石还原为自然物体；把它放回座子上，它又从石头变成了艺术品。"实际上最主要的背景是，自从1917年法国雕塑家杜尚惊世骇俗之举——将一个现成小便器取名为"泉"拿到纽约美国独立艺术家展览会参展后，许多西方人都开始打破了传统的艺术创作观念，逐渐把现成品的"挪用"欣赏也视为一种艺术创作活动。这与我们现在所强调的奇石是一种"发现的艺术"说法可谓异曲同工、互

为映衬。

Rosenblum曾在书中提到："（文人石）很像现代抽象的雕塑。我曾经想，现代百科全书式的图书馆和现代艺术中心曾努力接纳和包容一切艺术，为什么这些图书馆和艺术中心如此彻底地和无法解释地将奇石拒之门外？"可以这样说，正是由于Rosenblum的大力倡导，西方世界将有关中国古代赏石的认识和研究推向了前所未有的深度和广度。但这对岸的热烈并未影响到赏石的发源地，当时还显落后的中国，在轰隆隆的经济大发展中，华夏大地上热火朝天着，对岸的声音似乎属于另一个世界，即使这争议的源头就出自于脚下。

直到 2008 年，山石来到了幕前。在同年的香港苏富比 2008 年春季大拍的北京预展现场上，一块宋代米芾所传的石头在众多雍容华贵、熠熠生辉的古瓷、珠宝的包围中独占一隅，鹤立鸡群，引来人们超乎寻常的好奇目光。在 4 月 11 日拍卖结果出来之前，它的身价暂时被估算为 300 万~500 万港币。丑石其名 "玄芝岫"，现所属台湾的翦淞阁主黄玄龙。"玄芝岫" 约一掌之高，小巧可爱，石色黝黑。从远处看，只觉石势蜿蜒纵恣，穿孔勾连，有峰峦洞壑、层叠窈窕之态。而站近了看，石头上面的每一种纹理也都能叫出独特名头来：卧沙、水道、襞摺……

这块 "玄芝岫" 可谓流传有序，与江南无锡却有着不小的渊源。

玄芝岫原为米芾所属，米芾集书画、鉴定、收藏于一身，其书法更是宋四书家之一，其亦最爱石。米芾为人狂放，举止癫狂，曾有 "拜石"，与石称兄道弟之举，因而人又称之 "米颠"。此块米芾所藏玄芝岫灵璧石，除了声色叮咚，远近皆可看之外，恰如 "横看成岭侧成峰"，其还兼具立峰和横岫两种姿态。不仅如此，不管是从何种角度观赏，这块石头都给人八面玲珑、巧夺天工之感。

宋 黑灵璧石 玄芝岫 紫檀台座 翦淞阁藏

"爰有异石，微自灵璧。匪金而坚，比玉而栗。音协宫商，采殊丹漆。岳起轩楹，云流几席。元祐戊辰米芾谨赞" 即元祐三年（1088），米芾时年三十八岁。

朝代更迭，战乱倾碾。两百多年后，这块灵璧异石落在元人虞集手中。虞集在元文宗时官拜奎章阁侍书学士，世称 "邵庵先生"，是当时极著名的书法家。史载元文宗曾作 "天历之宝" 和 "奎章阁宝" 两方印玺，受命书写篆文的便是虞集。虞集秉持宋人遗风，忍不住也效法前辈将切身感慨刻在了石头上："此宝晋斋物也。虞集获此瑰宝，幸福不浅。" 此时即元文宗（1329-1332）虞集为奎章阁学士时期。

而后虞集告病归田，在江西度过晚年。在他逝世一百多年后，那块灵璧异石辗转流落到常州府，出现在无锡望族华夏的 "真赏斋" 里。历史上对华夏此人的记载并不详细，也无确切的生卒年份，但可以肯定的一点是，他收藏文物极富，鉴赏眼光一流，时称 "江东巨眼"。而且，他还与才子文徵明和祝枝山等人交为挚友。文徵明善诗画，亦是爱石之人，在文徵明八十岁时（1549）为老友华夏作《真赏斋图卷》，构图之中自然少不了要布置一些玲珑怪石。文徵明想到华夏斋中那块灵璧石正可作为最好的参考。他向华夏借了石头带回家中，由长子文彭、次子文嘉伺候笔墨，观摩案上石头，动笔作画。图卷完成，石头亦完璧归赵，唯一的变化是上面又留下了这次借赏的记录："桌山文徵明拜观。子彭、嘉侍。" 此时距离虞集逝世已又过了二百年。

石头在无锡华家留了四百年，直到 1949 年，当时时局动荡，这块石头被小心归置在随身携带的财物中，便随华家后人从无锡来到了台湾。多年前，黄玄龙得知宝岛上还有这样一块奇石，便四处寻访，寻到华家，几番恳求，才得以一睹奇石。一睹之后，华家后人当时并没有将先人之物出让之意。直到某一天，华家后人因为经济原因，终于愿意将这块石头转让给了黄玄龙。从此这块石头便入"翥淞阁"，成为黄玄龙众多藏品中极受珍视的一件。因为铭文亦无记载其名，得意于北京颐和园中乾隆御题"青芝岫"，"玄芝岫"虽体量小巧，却同有似芝之处，且"青芝岫"本是米芾后人米万钟所属，与"玄芝岫"又有祖孙之缘。玄字既指黑色，更有玄妙神秘之意，用来命名此石实在再好不过。此确实可谓流传有序也。

现在，这块名叫"玄芝岫"的石头走出了黄玄龙古色古香的翥淞阁，当先突破了在此之前赏石只是作为文房杂项中不起眼一员的情形，成为世界上首个赏石拍卖专场中身价最高的拍品。

无锡的藏家与文人素来喜欢石头，藏石之于无锡已是传统，是血脉基因里不寻常的情节，与石头的缘分故事多有流传。

研山堂于2011年有缘得一宋坑灵璧，略小"玄芝岫"，仅一拳耳，质地缜密、坚润，色泽沉穆，敲之音质锵然。石筋纵横，峰峦起伏，此石正是应了古代文人的赏石情怀中，欣赏者怀抱山岳的想象，小中见大，石小而有大山之象，就形制而言已入宋人对赏石的审美标准。此石有原刻铭印两方，内容为"王氏宝玩"，"友石生"，分别位于石之左右隐秘处。石头原藏梁溪李氏，后转于唐氏浩年，最终为研山堂所得。李氏，原名李梦菊，民国年间无锡商人，在北塘开有绸布庄和五金公司，嗜古，所藏颇丰，当初在锡城小有名气。唐氏为锡城望族，是明代常州唐荆川的嫡脉。唐顺之字应德。因爱好荆溪（现宜兴）山川，故号荆川，在古代文学史上被称为"明六大家"。著有《荆川集》、《勾股容方圆论》等著作。香港财政司司长唐英年与唐浩年先生均为唐氏年字辈，同祖同宗。浩年有藏石、鉴木器之癖，这段奇石因缘的脉络倒是清晰可辨。

据考石上的印文内容，更令人感慨万千。如按印文所推测，此灵璧拳石当属王绂。王绂，又作韨。字孟端，后以字行。号友石，别号鳌里、又号九龙山人、青城山人，明初无锡（今江苏无锡）人。博学，工歌诗，能书，写山木竹石，妙绝一时。其山水画兼有王蒙郁苍的风格和倪瓒旷远的意境，对吴门画派的山水画有一定影响。王绂画不苟作，故后人有"**舍人风度冠时流，笔底江山不易求**"的诗句。史载，一日退朝，黔国公沐晟从后呼其字，绂不应。同列语之曰："此黔国公也。"绂曰："我非不闻之，是必于我索画耳。"晟走及之，果以画请，绂颔之而已。逾数年，晟复以书来，绂始为作画。既而曰："我画直遗黔公不可。黔公客平仲微者，我友也，以友故与之，俟黔公与求则可耳。"其高介绝俗如此。其画竹兼收北宋以来各名家之长，具有挥洒自如、纵横飘逸、青翠挺劲的独特风格，人称他的墨竹是"明

惠云岫
高10cm 径8.5cm
十七／十八世纪 灵璧石
铭印"友石生""王氏宝玩"
古代文人的赏石情怀中，欣赏者怀抱山岳的想象赏石，小中见大，此石亦如。

朝第一"。建文四年（1402 年），王绂画《竹炉煮茶图》，侍读学士士达为其记序作铭，构成珍贵的《竹炉图卷》。此图卷深得乾隆帝喜爱，南巡时，曾在惠山品二泉水，观《竹炉图》画卷题咏。后图卷不慎被毁，乾隆帝竟自仿王绂笔意，补写了竹炉首图，并题诗。现在无锡惠山森林公园内王孟端的墓冢尚存。

　　读书、作诗、画画、访友、坐禅、修心是古代文人的追求，收藏则是心像的对应。从米芾藏石到王绂藏石，以上掌故了解到梁溪收藏的传统渊源与文脉传承内在的强劲，"桌山文徵明拜观。子彭、嘉侍。"文徵明为老友华夏创作一幅图卷而留下了一段传奇佳话。"王氏宝玩"、"友石生"虽有源头可溯，但史料记载目前无据可考终是憾事，所幸石能通灵，撇开它巨大经济利益的诱惑，回归最初文人赏石的初衷，那还是古代文人对于远古辉煌的追忆与向往，文人石心，何憾之有？王绂藏石虽有铭印，但无铭文记载其名，得意于与"玄芝岫"同样体量小巧，而均出自无锡，似又有同域之缘，故名"惠云岫"。惠指惠山，著名的古代吴文化发源地，苏轼的"惠山谒钱道人烹小龙团登绝顶望太湖"诗：

1392 年春，王绂因要医治眼疾，住在幽静的惠山寺听松庵内。恰一日来了一位湖州竹匠，得知性海禅师和诸学士喜欢一起饮茶，所用之水便来自附近的惠山泉，便提出为寺院造一竹炉。王绂和性海禅师受古式所启示，设计了一个底方顶圆的竹炉，外部以斑竹编织，内部涂坚实细泥，炉心以铁栅分离。经过竹匠的巧手制作，一只结构精巧的竹炉诞生了。几位文人围炉而坐，汲二泉水，煮阳羡茶，名流雅士作诗绘画，惬意之至。竹炉雅集一时名噪文坛。王绂为此景象画《竹炉煮茶图》并题诗，引来雅集的文人和画家跟风写诗作画的风潮，文学集会上写的所有的诗文都被载在长卷上，汇编成珍贵的《竹炉画卷》。明代中叶，人们将王绂的画和唱和的诗刻于弥陀殿壁间，明万历乙未年（1595），无锡人邹迪光将弥陀殿更名为"竹炉山房"。

乾隆皇帝曾多次南巡惠山，在竹炉山房品茶，观赏竹炉图轴四卷，为其题诗，赐"竹炉山房"匾额，并仿制竹茶炉带回北京，在静明园（今玉泉山）内仿建竹炉山房，加以收贮。无锡竹炉山房今存刻石，保存了《图卷》的部分真迹，乾隆御笔《竹炉煮茶图》和历次题诗，以及大臣的和诗，均为无锡知县吴钺、邱涟所摹刻。

无锡惠山寺竹炉山房中的乾隆题诗

竹炉拓片

民国原拓　竹炉山房松石山水

踏遍江南南岸山，逢山未免更留连。
独携天上小团月，来试人间第二泉。
石路萦回九龙脊，水光翻动五湖天。
孙登无语空归去，半岭松声万壑传。

　　描写的就是惠山一隅，文徵明、王绂《惠山茶会图》、《竹炉煮茶图》，也与惠山有关，用来命名此石意在点明惠山的文脉，也可谓流传有序的一个印证。

研山之寻意

　　如今，华夏大地上的轰烈之声似乎有所减弱，而 GDP 们也逐渐由狂奔改为竞走，国民纷纷缓下了脚步，开始对自己心底的生活开始了思考。"玄芝岫"的横空出世便是这种思考达到临界的呈现。不约而同地，大家兴起了爱石、追古之风，希望以此能够解答心中的疑惑。

　　爱石，其实还要首推那位"石痴"米芾。作为宋四大家之一的米芾，诗画风流自不必说，而他"石痴"之名更甚，他既痴迷至对石下拜称"石丈"，又开创了相石的"瘦、透、漏、皱"四字诀理论。更流传有《研山铭》，其文采书法绝伦古今，足见爱石之甚。

　　《研山铭》记载的是一块山形灵璧石砚台，原是南唐后主李煜的旧物。米芾得后狂喜之极，竟"抱眠三日"（《实为志林》），并留下了传世珍品《研山铭》，首次道出"研山"之名，后世效之。《研山铭》第一段为三十九个行书大字："研山铭五色水浮昆仑潭在顶出黑云挂龙怪烁电痕下震霆泽厚坤极变化阖道门宝晋山前轩书。"运笔刚劲强健，具奔腾之势，结字自由放达，倾侧之中含稳重，更具刚劲、奔腾、沉顿雄快。其为研山怪石所作铭书更是道出了研山真意的独特见解。

明 沈贞 竹炉山房图 纸本设色
纵115.5cm 横35cm 辽宁省博物馆藏
沈贞追求一种隐逸、自乐的境界，其画也近于元画。沈周后来有诗赞沈贞的画，其中"浊酒寒香同淡薄，南山秋色两清高"甚合沈贞画境。

宋 米芾 春山瑞松图 轴 纸本设色 纵35cm 横44cm

在此卷第二段绘有研山图，并在其各部位用隶书题出："华盖峰、月严、方坛、翠峦、玉笋下洞口、下洞三折通上洞、予尝神游于其间、龙池、遇天欲雨则津润、滴水小许在池内、经旬不竭。"等赏玩文字。

为什么要追古？为什么前人赏玩过的小小顽石在拍卖场上竟能达到如此高价？石有万年，除了不断风化消磨，石并未消失，而我们也在历史中生生死死地延续着。人生百年，于石来说或许只是小小一瞬，我们的生死也只是随风起落的麦浪，来去的钟摆罢了。此时之石在众目睽睽之下，百年之后又会在何处呢？然而，我们这些反复来往的聒噪却确实邂逅了缄默的山石，即使在这一弹指间交错，于我们，也是多么的可贵啊！山石有大有小，有手中玩物也有摩崖岳宗，米芾们曾在它们面前负手玩味，或显自身才气旷达，或为山石之迹折腰下拜，而它们却始终巍然不动，默然不语，不经意中却显露出它们身上千年交错留下的痕迹。

研山之山，是为手中之山，更是心中之山；是此刻物我对

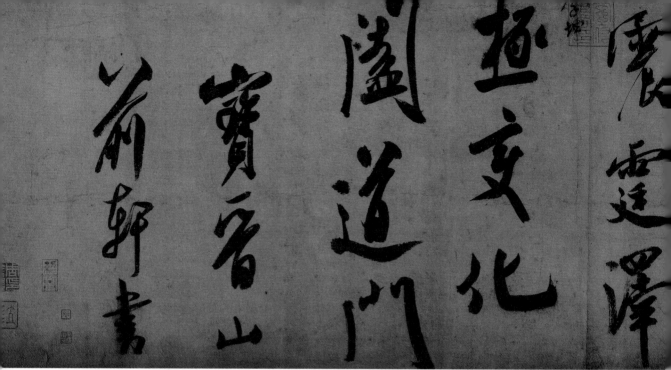

宋 米芾 研山铭 水墨纸本 纵36cm 横136cm 北京故宫博物院藏

石是进化与肉身的远古灵感；是抽象具象，写意艺术的合奏；是沟通古人今人精神的使者；石是万世的孤独，一切结束后与开始前的混沌中的余烬。

研山铭五色水浮昆仑潭在顶出黑云挂龙怪烁电痕下震霆泽厚坤极变化阖道门宝晋山前轩书

坐之山，也是游离古今之山。手中之山自然天成，伴着远古的进化与神话的肉身而来，身体发肤皆受于此，相逢则不胜亲切；其形体又出自然，甚或如米万钟之非非石般十面可赏，更是神工天作，形致意出。其中或可现笔下书法般龙蛇电烁之势，又可现如仙山浮云般世间情境，抽象具象，想象非象，其核心正是华夏艺术之道——写意也。此即为《研山铭》所道之。

而研山铭所未道出的，抑或是文字所不能道出的意味，则更能被今人所领略。寻古研山，在横览时光之际，我们可以看到前辈雅士们在各自的红尘之中寄托的或浪漫，或意气的精神。在案桌上，在园内，在画中，在手中，研山作为沟通古今之沉默信使，寄托着心灵幻想之自由南山，并提醒着当下今人：生命中个人之孤独，历史长河中个人之闪光。过往之烟云，此时之聚散，米芾拜石，呼曰石友，一意孤行，不累前人。世情如水，石不能言，更包含着如米芾般闪耀个人的精神。研山枯坐，修行心性，研修先人风骨，古代文人们早已将各自之超脱存放在了研山之中。

研山追古的意义便在此——借由着这些闪耀的

抽象之水与具象之山，想象之山与非象之水，五色砂石五色水

风骨准确地连接上我们的文脉根源。通过研山我们可以跨越时空局限，研习前辈文士之精神与审美。历史上文雅之士甚多，其风骨也各不相同，便各有可研之处。米芾之风骨，自能从米芾之藏石中得到感受，四大家中黄庭坚之风骨，也自能从其藏石中感到微妙差异。山石与陶瓷等物不同处，便在于陶瓷本重实用，以其用而入世，乃至为货品，呈现的多是某时代某阶层的审美；而山石却更"无用"，每位藏主也各有取舍，各有差异，此人弃之如敝履，他人或会为之倒履折拜。山石更能究竟出古人中个人之审美。

借着追古之风我们向千年前展望，前人不再只是模糊抽象的书本文字，而隐约呈现诗意清晰的身影；隐约如江边兰亭狂放的聚会，隐约如惠山寺里清幽的品茗。那些顶级风流的前辈先人与我们相隔厚厚的尘埃，其文化审美却与我们一脉相承，他们于石或叠或赏，流传下自身之精神，也流传下了我

研山堂

们丰富多态的文化根脉。

　　研山堂建立的初衷基于这厚重的文脉，大的视野来看为追溯研山的人文精神，小处理解可为写意山之表象，雕刻每人心中与现实的山水。研山堂立于无锡无疑也是幸运的，无锡与苏州一步之遥，又近得人文赏石的太湖石的地域之便，而托管人文精神的紫砂故地宜兴又近在咫尺，自宋代花石纲以来，太湖石的瘦、透、漏、皱就被后来的文人津津乐道，园中叠山，室中陈列自然离不开文雅的太湖石，近年太湖石更是一石难求。

　　紫砂自明代以来在茶席中的地位即已确定下来，因为紫砂的物理透气性，砂质的把玩性，紫砂饱受文人赞誉："人间珠玉安足取，何如阳羡溪头一丸土"；"茗注莫妙于砂壶之精者，又莫过于阳羡，是人而知之矣"。紫砂的存在不仅仅是为了喝上一盏茶，紫砂

融入生活的形态，成为传统文人生活的必要的代表元素，清代的陈曼生，当代的海上画派唐云等文人、画家的积极参与，紫砂的文人气息越发的浓郁了。紫砂经历了炼石为土、传砂为器、火中涅槃、新生为砂的过程，砂上塑石是石到土，土再到石的生命转换，思考其中能感受微妙的哲学思辨。太湖石沉于太湖而得名，自是水包石，紫砂塑石已是"石包水"，二者的关系恰在变化的美学之中，太湖"太壶"也。

　　当然研山堂的境界不止如此，研山堂的作品蕴含"事理一体"的哲理，作为人们行为的"事"和作为自然法则的"理"要达到和谐统一，"事理一体"在中国传统哲学中暗示着天、地、人的"三才一致"。而赏石确是传统文人如同空气般所共同呼吸的一种审美观，一种生活方式。赏石的本源，在于

通过品悟山石具象的形态，通过审视相处的过程，体悟达到重视自我的境界。研山艺术倡导朴素的美学主张，用最少的元素，最简单的方式，创造一种意境，正所谓"天地有大美而不言"，顽石也不仅仅是一个创作的题材，而是承载了文人思想与自然精神的灵器，通过艺术的创作，展现传统文化中沿袭至今的文化精粹。

参差多态本是幸福的本源，当下似乎是全球文化相遇之时，而实际上只是东方文明面临着全盘西化之险。二十世纪的战火曾催促着我们"落后便要挨打"，赶快前进中却无形连带着精华也成了糟粕，以近失根。我们或可说是在一个失根的时代。工业文明之发达前所未有，在这前所未有的新鲜中，世界也变得前所未有的喧哗。物质文明不回头地飞奔着，巨大的力量不自知地冲击着这片厚德载物的大地。空气、水源、地貌都被改变着，掠夺、杀戮与机械化的流水线也冲击着我们人类自己。破坏性地发展让所有人都有着迷失的危险，急速的发展切碎了时间，而文明之间的碰撞又让我们盲目了自身之根，失明的碎片海洋中，我们好似在享受，而更多的却是在迷失沉浮。

在重重研山之中，研山堂重新目睹了文化曾有的从容、洒脱、率性与自由。汨罗江畔低吟，黄鹤楼上高歌，这份心境曾经被交付给顽石，从石友的怀中完整地交予了千年后的我们手中。这份心境、风骨吸引着我们不断前行，去感受那穿透心灵的感动，与我们一脉相承的会意。以追古研山为引，研山堂相信今人能透过时光直达根器，凝聚若隐若现的写意，以人文艺术之关怀坚定自己的内心，不为外物所迷乱。

此世纪或许是个渴求尘埃落定的世纪，而如今看来，人们更需要在行进的同时拥有自己的内心，拥有使内心更为坚定、平静的东西。而只有如此，似乎才能让我们确认自己并没有在朝着这个族群的末路飞奔，没有在朝着异化坠落着。研山堂秉持沿袭于各古文人风雅的奇石，自然朴实而无造作；再融合紫砂艺术之质朴真诚，细腻谦虚。所谓结庐在人境，而无车马喧。在这样一个繁华的当代闹市中，越来越多的人希望在身处当代生活时，能保持自己的心境不被纷扰。天地一指也，万物一马，华夏大地上脱离了千年的封建，迎来了前所未有的个性未来；前人的种种压抑业已不在，而时代也从所未有地强调着个体的生命，每个生命独特的体验，个人之审美，而研山赏石则正合于此。人文心境与个人超脱之古今双韵，这是一种行在当下的志趣，抽离了时代的局限，越过了众人的推崇，从放达超脱的大我出发，直指向每个人心底的珍弦。研山堂意欲凝聚赏石的个人美学体验，附以紫砂艺术的质朴细腻，向直指当代人心内的风雅迈进。此所意图聚合的，正如研山之山，是一股无形无相之风骨诗意，将其赋予在当代人的生活之中；诗意奔放，则随心所欲；诗意通彻，则骨骼清奇；诗意随心，则周身万物俱得风雅真意矣！

思绪千年，此刻的研山堂依旧安静，池中的鱼儿自在地游着，微风吹动着西园竹叶发出轻微的沙沙声响，今年长长的闰月以致桂花树上第二次的花季再次带来了桂香，下午的太阳温和而安静。暖色的阳光和着西园茶室刚开的灯光拥抱在了一起，最后的桂香与研山壶刚出的茶香交织。园中池水的涟漪反射一抹阳光打在园墙之上，把墙上的青砖"障尘"两字照得分外明亮，时间就这样在研山堂慢慢地如云烟飘过，无声无息。

陈原川 / 副教授、设计师

研山堂

太湖石记

文 白居易

古之达人，皆有所嗜。玄晏先生嗜书，嵇中散嗜琴，靖节先生嗜酒，今丞相奇章公嗜石。石无文无声，无臭无味，与三物不同，而公嗜之，何也？众皆怪之，我独知之。昔故友李生约有云："苟适吾志，其用则多。"诚哉是言，适意而已。公之所嗜，可知之矣。

公以司徒保厘河洛，治家无珍产，奉身无长物，惟东城置一第，南郭营一墅，精葺宫宇，慎择宾客，性不苟合，居常寡徒，游息之时，与石为伍。石有族聚，太湖为甲，罗浮、天竺之徒次焉。今公之所嗜者甲也。先是，公之僚吏，多镇守江湖，知公之心，惟石是好，乃钩深致远，献瑰纳奇，四五年间，累累而至。公于此物，独不谦让，东第南墅，列而置之，富哉石乎。

厥状非一：有盘拗秀出如灵丘鲜云者，有端俨挺立如真官神人者，有缜润削成如珪瓒者，有廉棱锐刿如剑戟者。又有如虬如凤，若跧若动，将翔将踊，如鬼如兽，若行若骤，将攫将斗者。风烈雨晦之夕，洞穴开颏，若欲云歘雷，嶷嶷然有可望而畏之者。烟霏景丽之旦，岩墀霭，若拂岚扑黛，霭霭然有可狎而玩之者。昏旦之交，名状不可。撮要而言，则三山五岳、百洞千壑，覼缕簇缩，尽在其中。百仞一拳，千里一瞬，坐而得之。此其所以为公适意之用也。

尝与公迫视熟察，相顾而言，岂造物者有意于其间乎？将胚浑凝结，偶然成功乎？然而自一成不变以来，不知几千万年，或委海隅，或沦湖底，高者仅数仞，重者殆千钧，一旦不鞭而来，无胫而至，争奇骋怪，为公眼中之物，公又待之如宾友，视之如贤哲，重之如宝玉，爱之如儿孙，不知精意有所召耶？将尤物有所归耶？孰不为而来耶？必有以也。

石有大小，其数四等，以甲、乙、丙、丁品之，每品有上、中、下，各刻于石阴。曰"牛氏石甲之上"、"丙之中"、"乙之下"。噫！是石也，千百载后散在天壤之内，转徙隐见，谁复知之？欲使将来与我同好者，睹斯石，览斯文，知公嗜石之自。

游惠山寺记

文 陆羽

慧山，古华山也。顾欢《吴地记》云：华山在吴城西北一百里。释宝唱《名僧传》云：沙门僧显，宋元徽中过江，住京师弥陀寺，后入吴，憩华山精舍。华山上有方池，池中生千叶莲花，服之羽化，老子《枕中记》所谓吴西神山是也。山东峰当周秦间大产铅锡，至汉兴，锡方殚，故创无锡县，属会稽。后汉有樵客山下得铭云："有锡兵，天下争。无锡宁，天下清。有锡沴，天下弊。无锡乂，天下济。"自光武至孝顺之世，锡果竭。顺帝更为锡县，属吴郡。故东山谓之锡山，此则锡山之岑嶔也。南朝多以北方山川郡邑之名权创其地，又以此山为历山，以拟帝舜所耕者，其山有九陇，俗谓之"九陇山"，或云"九龙"者，言山陇之形，若苍虬缥螭之合沓然。"斗龙"者，相传云：隋大业末，山上有龙斗六十日，因名之。凡联峰沓嶂之中，有柯山、华陂、古洞阳观、秦始皇坞。柯山者，吴子仲雍五世孙柯相所治也。华陂者，齐孝子华宝所筑也。古洞阳观，下有洞穴，潜通包山。其观以梁天监年置，隋大业年废。秦始皇坞，村墅之异名。昔始皇东巡会稽，望气者以金陵、太湖之间有天子气，故掘而厌之。梁大同中，有青莲花育于此山，因以古华山精舍为慧山寺。

寺在无锡县西七里，宋司徒右长史湛茂之家此山下，故南平王铄有赠答之诗。江淹、刘孝标、周文信并游焉。寺前有曲水亭，一名憩亭，一名歇马亭，以备士庶投息之所。其水九曲，甃以文石昆瑅，渊沦潺湲，濯漱移日。寺中有方池，一名千叶莲华池，一名乡卢塘，一名浣沼。岁集山姬野妇，缥纱涤缕，其渺皓之色，彼溪、镜湖不类也。池上有大同殿，以梁大同年置因名之。从大同殿直上，至望湖阁，东北九里有上湖，一名射贵湖，一名芙蓉湖。其湖南控长洲，东泊江阴，北淹晋陵，周围一万五千三百顷，苍苍渺渺，迫于轩户。阁西有黄公涧，昔楚考列王之时，封春申君黄歇于吴之故墟，即此也。其祠宇享以醪酒，乐以鼓舞，禅流道伴，不胜淬噪，迁于山东南林墅之中。

夫江南山浅土薄，不自流水，而此山泉源，㳽注崖谷，下溉田十余顷。此山又当太湖之西北隅，萦耸四十余里，唯中峰有丛篁灌木，余尽古石嵌崒而已。凡烟岚所集，发于萝薜，今石山横亘，浓翠可掬。昔周柱史伯阳谓之神山，岂虚言哉？伤其至灵，无当世之名；惜其至异，为讹俗所弃。无当世之名，以其栋宇不完也；为讹俗所弃，必其闻见不远也。且如吴西之虎丘、丹徒之鹤林、钱塘之天竺，以其台殿榭，崇崇业业，车舆荐至，是有喜名。不然，何以与引为俦列耶？矧以鹤林望江，天竺观海，虎丘平眺郡国以为雄，则曷若兹山绝顶，下瞰五湖，彼大雷、小雷、洞庭诸山以掌睨可矣。向若引修廊，开邃宇，飞檐眺槛，凌烟架日，则江淮之地，著名之寺，斯为最也。此山亦犹人之秉至行，负淳德，无冠裳钟鼎，昌昌晔晔，为迩俗不有，宜矣。夫德行者，源也；冠裳钟鼎，流也。苟无其源，流将安发？予敦其源，亦伺其流，希他日之营立，为后之洪注云。

江南兰花季

故土晓风 JIANGNAN LIFE

文 叶军然

这个季节，正是江南的兰花季[1]。幽幽的花香，好比这季的细雨，弥漫在暮春濡湿的空气里。

兰花还在排玲[2]，花主们便早早开始忙乎起来了。兰友蠡仙有新种复花[3]，他用老红木残椅的一条腿请老木匠改做了一只专用花几，又在副食店买了银耳红枣，在三凤桥预定了小笼，在毛华预定了月兰饼。万事俱备，这才在幽兰馆中坐定。窗外的雨声瑟瑟滴落檐角，院中有馥郁的香气，他慢慢铺开兰花帖[4]，写下"邀友赏素蕙启"帖云：

> 素蕙入城，花之劫！
> 骚人得蕙，花之遇！
> 置日中，催花吐艳；
> 置雨中，为花洗妆；
> 置风中，助花舞姿。
> 妙香缕缕，若有若无，间杂墨气，有禅悦味，令人不可思议矣！
> 静赏为上，吟赏次之，酒赏下矣！不敢自私，愿与素心人共之。

这般守旧的邀约极不合时宜，但兰人们觉得只有这样才能彰显对兰友和兰花的礼遇，这份尊重犹如参加一场宗教的仪式。

一夜春雨，刚够门外那青石板路积起水洼，小沙弥跳跃着要避开它，却总是不偏不倚地踏碎了这一洼宁静。他是开原寺方丈差

蕙兰 老蜂巧
蕙兰 朵云

蜂巧

来送花帖的信使。

开原寺位于城西梅园内，前任老方丈隆贤亦是兰痴。法师自幼披剃出家，在龙光寺，广福寺做过住持，最后在开原寺升座方丈。他每驻一寺，必辟兰圃，而沙弥育兰也就成了佛门修行的基础课程。每每不等天亮，小沙弥们就捧着脸盆，甩着毛巾出发了，他们要赶在日出前，用毛巾在草地上收集满一整盆的露水，尔后再用竹瓢一勺一勺喂给兰花。法师说，佛门花华不二，供于佛前称"献花"，散布坛场边为"散华"，正所谓花开见佛，由此来参悟诸行无常、缘起性空的义理。

法雨堂前古杏树，绿了黄，黄了又绿，小沙弥成了艺兰僧。在这个兰花季到来前，他在《学兰笔记》中写道：

我爱兰。一个槛外人，难得用这个"爱"字。于兰，我是非用不可了。

谁见过兰的凋谢，如月季，如梅花……不管是偶尔邂逅，还是终日厮守……兰，报于人的永远是幽幽的绿、盈盈的碧；谁见过兰的张扬，如牡丹之响亮，如玫瑰之妩媚，如山茶之喧闹。不管是得志的英雄，还是困顿的囚徒，还是久羁的旅人……兰，报于人的永远是幽幽的绿，盈盈的碧。

七情六欲，将我滞于外在的红尘。而兰却一次次令那生的绿涌上我的心头。

红尘绿意，绿意红尘，这何尝不是一次次尘死中的再生。

谁能知道此时此刻，兰花的绿伴着我红尘的死，道一句"南无阿弥陀佛"的真意吗？

那一年，老方丈88岁，天还飘着雪，可寺里的许多兰花都已借春开 [5]。不久他就舍报西逝了。

新旧交替，寺院内一摊子事物，新方丈能超还没能理顺，兰花季很快就过去了。这天，劳累了一天的他刚昏沉沉睡下，就被一个梦给惊着了。老方丈踩着玉佛楼木楼梯的脚步声听着是那么真切，"咚，咚，咚"每下都像踩在他的心上。玉佛楼还在重新装修，建筑垃圾铺了一地，老方丈见了一定会责罚。能超像当年做小沙弥时一样，赶忙躲进了玉佛边的藏经柜里，屏住呼吸。老方丈并没有推门进来，只是轻轻地敲了敲窗棂，说：兰花该浇水了！"哎呀！真是的！"能超已经不记得自己有多久没照看兰花了。于是他赶忙起身去兰圃。

兰圃在放生池后，老方丈的墓地边。西北有高墙，挡北风防西晒；东南开阔，引朝阳，沐熏风。真是块滋兰树蕙的风水宝地。可这会儿，映入眼帘的却是一幅不忍睹的惨象！兰花缺了水，就像人得了病，东倒西歪气色差得很！

五月的夜里，放生池蛙声不断。能超一夜未眠，忙着给兰花脱盆，修剪，培土，浇水。天还没亮，他又像当年小沙弥一样，捧着脸盆集露水去了……

兰花季里，花市很是闹猛。

一堆堆草兰[6]铺在地上，根被切过，用苔藓裹着，再用细绳扎好，整整齐齐码着。挑头子[7]多，拿了就走的是买菜的大妈，每到兰花季她们都会买些回去闻闻香，并不讲究花好花坏。而蹲在花摊前东翻西瞧，走了又回，回了又走的人，一定是刚入门的兰友了。兰贩子精得很，一句"我有好草"就把这人勾了回去！兰贩子背过身去，在角落里翻出早已备好的草兰捧在手心，尔后大讲故事[8]。花市入口最显眼的位置，一个长得跟枯枝似的兰贩，远远看着这一幕，笑得浑身骨头架子乱抖，他就是人称"花猴"的资深贩子。不要以为他是真的笑，因为接下来，他一定会凑过来，贴着你耳边，压低了声音说：会有什么好花？！无非是些"薰舌"、"插吊"、"粘贴"、"拼叶"出来的路子货！"花猴"会在最短的时间里说出一连串的兰花术语，就像突然起了一阵十二级台风迎面扑来，把围在摊

前的兰友给噎住。许多人在他摊位前蹲下去了，开始庆幸自己找到了真货，可谁也不曾细想，对"花猴"的这份信任是从何而来的。

兰花圈子有时很像个大池子，兰友就是这池中鱼。通常情况下，这鱼都会生活在各自固定的水层。但也有例外的，资深兰友蕙明就是个路路通的角色。他瞄了一眼蹲着捡兰草的人，冲"花猴"撇了撇嘴，再做了个举杯的动作。

雨后的夜，一盆含苞待放的兰花正在霓虹灯的映射下，生发出一种鬼魅来。蕙明说，这也没什么，如同脏了的台布，翻个面就干净。每年这个时候，他都会请"花猴"来打个牙祭，再送点惠山泥人之类的小礼物。虽然都是些几块钱买的石膏货，但"花猴"却很受用。每次兰季结束回到家，都会把孩子们拢在膝前，边分派这些小玩意，边扯着嗓子半喊着：这可是无锡城里大兰家送的！每每这时，他那位从没走出过大别山的妻子就会探出半个头来，乐呵呵地看着他。几杯酒下肚，他们的话题反而会严肃起来，因为这才是夜的主题。"花猴"接地气，带来的都是这季防打眼的最新消息。他会说那谁在用褪色剂做假冒素心；那谁从头年上花苞开始便四处收集细花头子，估计将会用胶水粘贴在草型相类似的行草[9]上；还说那谁经常将行草拼接在细花上，有人购买时，便谎称自己要留种，将假草分于他人，真草留下重复炮制；有时还干脆把兰根放药水里一浸，叫你压根种不活。这样一来，他卖行花[10]的马脚就永远不会暴露了。

兰花季里，无锡城像是小了许多，东南西北门的兰友走动的也愈发频繁起来。平常温文尔雅的人这会儿也会变得跟打了鸡血似的亢奋。细算，从上一年7月到如今，兰花孕蕾也快10个月了吧！百花界里，出花蕾到花儿开放，快则几分钟，慢则几日，唯有

兰花像人一样，竟要十月怀胎！

无锡城东有个叫东湖塘的地方。村上一座老房子，每到兰季，都会从高高的院墙里飘出阵阵花香。村民有时悄悄议论：听说里头的兰花价值连城，甚至可以换半个无锡城！可他们谁也没有进去过，说的当然也都是传言了。只有圈里少数人知道，房子的主人原是无锡知名的陈姓企业家。其名下有多家工厂，二十世纪九十年代，因为一个机缘迷恋上了兰花，从此一发不可收拾。为了一只花，他可以整日整月不回家。熟悉他的人，看到他眉开眼笑，就知道一定是兰房里"添丁"了，若见他苦着脸闷闷不乐的样子，一定是什么花求而不得！圈子里，兰花铭品的交流像是嫁女儿，不完全是钱的事儿。嫁得好，就结成了亲家，嫁得不好就成冤家仇家了！这样的"雅仇"结不得，会有一种拿刀戳你心的感觉。这位陈姓兰友就是因为接连碰上几笔这样的"雅仇"，把心伤得粉碎。于是，他把名下的企业全划给了妻儿，从此独居于

这座老房子里，过着终日与兰为伴的日子……

柳絮飘飘洒洒，落了刚出房[11]的兰花薄薄的一层银。古运河畔，大成村里，一栋老旧的民宅，这是朱跃10多年前买下来供兰友聚会的场所。他拆去了里间卧室的屋顶，改造成一个可以养兰花的小院。前屋布置了花几茶台，随着季节变换，屋里建兰，墨兰，寒兰交替摆放。等到春兰和蕙兰摆上案台时，就是江南的兰花季到了。许多兰友手里都配有这里的钥匙，到了聚会的日子，谁有闲，就先来开了门，烧上水，等着朋友们陆续登门喝茶聊天。

老钱今年80多岁，花龄[12]六十年。在兰被定性为"香花毒草"的特殊年月里，他因为工人的身份而幸运地没有离开兰花。前两年，他花十几万元买了一株荷瓣[13]兰花的小苗。兰友们都知道，即便是养兰的高手，让那样小的兰苗开花也要等上七八年。"你都这把年纪了，还要看它开花吗？"相熟的兰友打趣老钱。老钱总是乐呵呵地回敬："看！它不开花，我还不走了！"

叶军然的花园中兰花的数量并不多，所谓"心中有兰而手中无兰"

小陶年轻些，花龄三十年。二十世纪八十年代，他踏着拉风的太子摩托，套着粗大的金项链，头上抹着锃亮的发蜡，真是个风流倜傥的帅哥。那时，小陶有许多爱好，兰花只是其中之一。因为经济实力雄厚，便从山上成批地购买疑似蝶瓣[14]。可没曾想行内有句老话："十只蝴蝶九个飞。"说的是，蝶瓣兰花的稳定性很差。小陶没有掌握其中的门道，结果买回来的"蝴蝶"都一只只地飞掉了。可财大气粗的小陶，飞一批，又买回来一批。如此疯魔般往复中，小陶家财散尽，妻子也和他离了婚。他什么都没有了，朋友在偏远乡下的苗圃一角，给他和兰花安了个临时的居所。日子一天天过，只有兰花为伴，小陶反而平静了许多。就这样一晃十多年过去了，在他细心照料下的一堆兰草中竟然有只"蝴蝶"飞回来了，并在这一年的兰花会上一举夺魁！花魁价格不菲，小陶的财富失而复得。他接回了患病的前妻，重新安了家。

兰花通人性，和养兰人的生活交织在一起。已故兰友老陆家有一盆非常珍贵的兰花——蜂巧。据说，清朝的时候，两个地方富豪因为一株兰花打官司，一直闹到了正下江南的康熙皇帝那儿。皇帝说，那我要来见见这株草。在皇上看花的时候，忽有一只蜜蜂也循香飞来，只见那蜂儿恋花飞绕，皇上便信口说："这蜂儿来得正巧，那就叫它为蜂巧绿蕙吧！"从此这个美名就传开了。前些年，老陆查出得了癌症，看病急需一大笔钱。家里最值钱的就是那株蜂巧了。狠心之下，老陆将它卖与兰友，筹得数十万。靠这卖兰得来的钱，看病、化疗，撑了好些年。病榻前，弥留之际的老陆，无论家里谁跟他说话，都不睁眼睛。但只要家人轻轻在他耳边说："兰友来了。"就会慢慢睁开眼睛，虚弱地问："在哪儿？"老陆卖兰时，留下了蜂巧后龙[15]的一筒[16]残草，它成了老陆最后的慰藉。这筒蜂巧病怏怏几年不发，最后还是枯死了，没几天，老陆就随后驾鹤西去。

在无锡，很多人家世代养兰，分家时兰

兰花雅集在兰友们的生活中不可或缺，（左至右）兰友老钱、朱跃、老邢

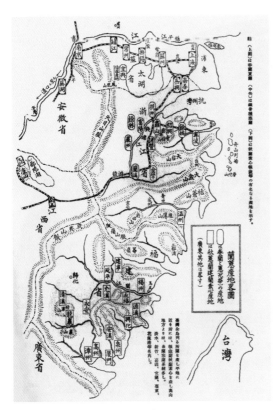

民国时期日本兰人绘制的中国兰分布图

产兰山区

兰花必依势山中，山中野逸之气盛，少人烟浮躁与乱耳，才能孕育得出这天真烂漫的空谷幽兰。

花要记入家产，嫁女时亦作陪嫁。兰友庄钧就是从爷爷的手上接下的兰化。爷爷庄衍生是个医生，老人一生爱兰如命，直到身体每况愈下时，才开始将养兰的方法和要领传与孙子。二十世纪60年代老人去世到现在，庄钧已经养了将近50年兰花了，几次辗转搬家，兰花都一直跟随在身边。

抓一撮新上市的太湖翠竹，投进洁净的白瓷杯，看着片片茶叶儿慢慢膨大，徐徐落入杯底，再摘一朵素心兰飘在杯面。聚会中，一个个兰的故事在回放，悠悠地，节奏慢得随时可以停下。

离无锡城40余公里，与浙皖两省交界处是一片大山，这里是无锡唯一有原生兰花的地方。

兰不与众草为伍，要找到兰，首先要找到阔叶林。当漫山遍野的绿慢慢变黄，你就可以进山采兰了。枯叶中寻寻觅觅，为的是要找到那抹令人兴奋的绿。每当透过密匝匝的枝杈，看到或庄或媚或妍或素的那份清婉，仿佛就是你前世的约定……

山农常将采下的草兰用编织袋装起来，兰叶与兰根被胡乱地挤压在一起，有时还在家里放上几天才到街上叫卖。老百姓爱在春节前后买上几丛养起来，待开花时闻它的香。但一般都因为养护不过关，花开过后兰也就枯萎了。于是就有了年年买兰的习惯。山农剥花苞叫"找虫"，"虫"就是可以卖出大价钱的细花。可这绝不是件容易的事，大部分人一辈子都挖不到一株，但如果万幸找到好兰，就会被写入兰谱，名载兰史了！

一年中，可以采兰的时间不多。转眼，冬天就过去了。初春的雨是冷冷的，冷冷的雨无声地落在原野、落在山林，也落在渴望滋润的兰草上。雨水被表土吸收，地层中的热气将冷雨化成氤氲的雾，缓缓地在山林中飘动，形成无边无际的朦胧，这朦胧又演示

幽兰影

出富有生机的画图……

　　兰花季里斗兰会[17]是兰友的狂欢日！跋山涉水，漂洋过海，各地的兰友都会循着花香而来。正如舞台之上，锣鼓喧天，虾兵蟹将鱼贯而出，主角终于看到背影了，大家都屏气凝神，等着他华丽丽的亮相。

　　斗兰不是比赛，是青花和填彩在瓷胎上的相互映衬；是水和墨幻化出来的五彩！兰花最佳的欣赏距离是7寸，当视线和注意力集中在一个点的时候，观赏者往往会进入一

个封闭的状态，注意不到身旁的其他。养兰人因此修身养性的同时也会变得孤僻，再有甚者就是痴。而参加斗兰会就像是把我的7寸加上你的7寸和他的7寸，目光放远了，心门也就打开了。这是艺兰的必修过程，不进永远是门外汉，进而不出是魔障，完成一进一出方成艺兰大家。

　　斗兰会上摆花布置颇有讲究。不可摆放太多过于喧闹；布置中要讲究花、盆、座、架的结合；坐姿观赏范围与立姿观赏范围内的兰花，高度都应调整到水平视线的位置或

民国初年的无锡城中公园，当时每年一次斗兰会的主要举办地。

略高；会场亦可选择山茶、木桃、杜鹃等其他花卉，供石、瓷器、雕件等艺术品相辅陈设，并可在墙上悬挂字画加以烘托氛围。然花不可太艳，艺术品不可太夺目，字画不可太闹腾，不然就喧宾夺主了。

兰花的品鉴有严格的标准。它并非是某人突发奇想定下来的，而是集众人智慧，历经时间的考验，流传至今，已是兰人相互约束的行规！兰人看到的是兰花的形，想到的是兰花的意，并使之成为一种固定的符号、定向的语码。每个爱兰者在兰花这枚镜子前都能吸取道德的力量，从而自觉地塑造、升华自身的人格与胸怀。到了这个境界，兰人也就从"手艺"进入到了"心艺"，也就能领略到兰花"形"之上的"神之美"。

无锡城中心最繁华的地带，有一公园。这是清光绪三十一年，由当地名流士绅倡议并集资，在原有几个私家小园的基础上，合并扩建而成的。由于始终免费开放，所以老百姓按照自己的习惯给它起了一个昵称："公花园"。该园建成一个多世纪来，与兰花有着很深的渊源。它是民国时期无锡每年一次斗兰会的主要举办地。二十世纪三十年代，东北沦陷，难民流离失所。1933年3月，艺兰名家蒋东孚等人在公花园同庚厅发起"兰花义展"，将券资所得转汇东北，以资抗敌之用。兰花会连展了3天，苏州宜兴等地的兰友闻讯亦携花入展。一时间，蜂媒蝶巧，名花纷陈。据说，伴着兰花会，无锡下了3天雪。赏花者踏化的积雪，让厅前的白水荡涨了整整一尺。天空一片灰黑，重重地压向地面。白水荡中的鱼儿漂浮在水面，就连喘气的劲也没有了。

1937年，日本人小原荣次郎出版了《兰华谱》轰动日本。这部书分上、中、下三册，其主要内容来自我国兰花名著《兰蕙小史》，部分图片也是无锡兰家沈渊如提供的。此前，小原荣次郎找到沈家，要买其家藏的珍贵兰花。沈渊如说："图片资料可以给，但兰花一株都不卖。"见沈渊如不服软，日本人便唆使地痞流氓迫害沈家，沈渊如铮铮铁骨："我宁与兰花一块死！"日本人拿沈渊如没办法，转而通过其他人收购。沈父知道后说："只要日本人出价，我们就以高出一倍的价格来买。"沈渊如得到父亲的支持，便对身边的兰友说："把兰花卖给日本人，以后再想种就没有了。不如卖给我，以后想继续种，我还可以分还给你们。"遗憾的是，在沦陷之后，无锡还是没能逃过这场"兰花劫"。

犹记那日，风色正好。同庚厅内兰叶剪剪，筛下一地明媚的春光。为庆祝抗战胜利，沈渊如召集艺兰同好举办兰花会。当年的花魁是"曹荣大荷"，这是 1924 年由无锡兰花名家曹子瑜、荣文卿选出而得名的，1938 年荣文卿将仅存的二筒小草归沈渊如培植，前后历经二十二年，才得见一蕊，遇此大喜而盛放。沈渊如当场揭下"曹荣大荷"的花牌，将其改名为"胜利大荷"。这一刻，他那消瘦的身影契合着兰叶的转折，恰似一笔最写意的水墨，峭然挺拔，被岁月定格在同庚厅的朱漆门外，恒久不变。

兰花的幽香常会在你不经意之间悄然而至，又在你经意之中飘逸而散，留下的是无穷的回味和清清的余音。这一季的斗兰会又设在公花园的同庚厅内。一个老者从美国回来，他是沈渊如的儿子。春风袅袅，兰香拂过他不再生动的脸庞，半倚着，紧闭的双眼宛若熟睡在甜美的梦里，久久不愿醒来……

清光绪《点石斋画报》中描绘的兰花会情景

民国 22 年 3 月 25、26 日《新无锡》关于兰花会募款抗日的报道

注释：
(1) 兰花季：2 月至 4 月是春兰和蕙兰的花期，江浙地区艺兰人称其为"兰花季"。
(2) 排玲：蕙兰的幼蕾称"铃"，蕙兰花梗抽长到一定高度时，上面着生的各幼小花铃，呈竖直状，紧贴花梗，这种形态称为"小排铃"，幼铃花柄离梗横出，作水平排列称为"大排铃"。
(3) 复花：野生兰花经盆栽驯养后继续孕育花蕾称"伏花"，间隔数年复生花苞，称作"复花"。而落山草需经多次复花不变才能算一新种。
(4) 兰花帖：邀请朋友赏兰的函。
(5) 借春开：未到花季，提前开放。
(6) 草兰：普通兰花。
(7) 挑头子：兰花蕾也称"头子"，挑头子就是根据花蕾的形状找好兰花。
(8) 讲故事：说谎话。
(9) 行草：同草兰，更突出草。
(10) 行花：同草兰，更突出花。
(11) 出房：兰花冬季入花房避霜冻，开春移出称出房。
(12) 花龄：养兰的年数。
(13) 荷瓣：兰花的瓣型之一。
(14) 蝶瓣：兰花的瓣型之一。
(15) 后龙：兰花假球茎俗称"芦头"、"蒲头"、"龙头"等。当年生的新苗称前龙草，两年以上的称后龙草。
(16) 一筒：一苗。
(17) 斗兰会：也称兰花会。是兰花展示，交流的节庆活动。

叶军然 / 中国兰花学会常务理事
江苏省兰花协会秘书长

骨梅

壬申春游苫蘇無意得敗蕙數盎攜歸置之花間附庸而已迨
乙亥冬蕘見叢卉中特挺一萼矯然鶴立難群心竊異之越歲

丙子果放奇花色觀肩平質腴幹細風韻翩然獨絕彼崔梅端
梅似不能專美於前矣蘭譜平分一席洵無愧色欣賞之餘輒
錫嘉名曰骨梅藉誌不忘聊自云尔

琴为流水我浮云

文 吴炯

古琴有一首名曲叫《流水》，从伯牙子期结为知音而来。上善若水，大象无形，《流水》的意象却是摹形的，好比一幅长江万里图。我们不可能听到伯牙的《流水》，伯牙的《流水》也不可能是今天的《流水》。苏轼讲"千年寥落独琴在，有如老仙不死阅兴亡"。流水不腐，古琴不死，只有浮云一如我辈。

中国哲学史有一个命题，叫作道统。道统从尧舜禹汤文武周公到孔孟，到程朱、陆王，代代相承，生生不息，以人作为思想哲学的传承节点，注重的是文化的人伦血统。统，并不是统一，而是传承。有道统，就有琴统。古琴有一部《西麓堂琴统》。翻开宋人朱长文编的《琴史》，发现凡是道统中有的人物，在琴统中大部分也出现了。今天列数古琴史上的大儒哲人，为数众多，甚至是现代的马一浮，都能弹奏七弦古琴。说古琴是音乐上的文化符号，一点都不错。

因为内圣外王，中国的道统往往还被政治绑架，更由于古琴的优秀，所以很多帝王心向尧舜文武，也对古琴心有独钟，如宋徽宗、康熙、乾隆。至于心向孔孟老庄的文人，更是不计其数。道统在内，王道在外，琴道自然不会等而下之。

所以，考察中国文明史，古琴是一个绝佳的题目。这是四千年来没有中断过的一门艺术，因为文士阶层的推崇，成了高文化艺术，母题纵横、子题错综，绝对可以考量一个人对中国文化史和艺术史的学养，同时又必须要具备艺术的眼光。

粗涉古琴二十余年，反思与古琴相识的因缘，到底是古文中神秘的琴，还是古画上风雅的琴，还是广播、唱片里传出的古琴声？恐怕还是第三条。即使琴有其神秘与风雅，如果它的声音单调、旋律简陋，也就等同于祭祖的冷猪肉，令人敬而远之。所以，对于今天某些言琴必以道论、以禅论、以医论的，我只能一笑而过。道理很简单，道在矢溺，禅说本心，琴本身已经够难解，何必再披上一层不可说、随便说的外衣。要修道，也何必弹琴，静坐面壁冥思即可。所以，要说琴，就说琴，音乐是假不了的，"唯乐不可以伪"。

二十年一晃而过，无足挂齿。但和那时相比，古琴已经浮出水面。那些当年刻意寻找的东西，现在都已变得寻常巷陌，至少在我们这个城市。话虽如此，其实在有些方面，仍然没有丝毫改变，或者，从来就不会改变。能改变的也只是渐渐地来到，让你并不察觉。

所以，我不会忘记多年前和祝老师的一

千年寥落独琴在，有如老仙不死闻兴亡。古琴常在，我为过客。

元 王振朋 伯牙鼓琴图（书法） 绢本水墨 纵 31.4cm 横 92cm 北京故宫博物院藏

次对话。祝世匡先生是无锡国乐界的老前辈，也是带我走进古琴世界的恩师，1992 年我师从他学古琴时，他已经 78 岁。那约是十八九年前，有一次祝老师和我聊起他一辈子所见如过眼云烟的古琴（当然指的是古代的"老琴"）。当他说到某人的明代琴时，笑着说那张琴"明朝太近了，没几年！"。那个神情，好像民国是上午，清朝是昨日，明朝只是前天的事，大有"五百岁为春，五百岁为秋"的庄子气，对一个二十出头、没有见过唐宋名物，更不知生前三十年世界的我来讲，简直是当头棒喝。

对历史的丈量，就在一张古琴上缩短了距离。最初学琴时，我弹的琴正是从老先生们那里借来几张明代古琴，一边手抚古物发出琴声，一边通读着三千年来的古琴史料，我理解到了"朝菌不知晦朔，蟪蛄不知春秋"是一种生命的无奈与惆怅——古琴长在，我为过客。虽然二十年不算什么，但明朝肯定已经过去了。

历史感第一次脱离了书本，成为与我生活息息相关的情愫。

苏东坡说"千年寥落独琴在，有如老仙不死阅兴亡"，琴还在，苏东坡死了。

时间太长，古琴太厚重。

人与琴相比，孰轻孰重？到底是一张流传千百年的古琴重要，还是弹琴的人更为重要？过客虽然是过客，但琴自己不能发出声音，所有美妙的音乐和诗句，包括对琴的一切解释，无不是过客之能事。苏东坡说"若言琴上有琴声，放在匣中何不鸣？若言声在指头上，何不于君指上听？"。有琴固不能高山流水，光有手指也不能阳春白雪。我觉得古琴这种音乐，总有一些不同于别的音乐的地方，这个奥妙之处，正是我想说的某种意思，而人恰恰不能对不可谈者去论道，也必须在无人之境自言自语，能弹这种乐器正好解决。

所以，我理解嵇康的话——"物有盛衰，而此无变，滋味有厌，而此不倦。可以颐养神气、宣和情志、处穷独而不闷者，莫近于音声也。"但是我们不要忽略，原因在于"众器之中，琴德最优"。我的定论是，此德不是人格上的品德，而是乐器性能上的完善。

每当闭目静听那来自空明之境的琴声，我总会想，那是不是古人当时所听到的，至少谱子上这么记着，这也许是仅存的可以穿越的时空隧道的声音，而且和生命有关，和文明的起源有关，或者和悟道有关，这是我最初对古琴的神秘联想。

古琴的发展史，与音乐技巧和审美理念的发展息息相关，与匠作传统息息相关，而最后的总结与附会，却是文人以他们的文化背景来投射。因此，真正的历史，往往还须另外从冷落的材料中寻找和对接，才能看到真正的传统。

所幸祝世匡老师是一个音乐家，他虽然有着老式文人的修养，但却是一个纯粹的音乐家。所以，我从来没有听祝老师讲过任何神秘玄妙的古琴知识。但当时刚入门又喜欢看古书的我和师兄却老是把古琴与哲学论了个没完没了，通宵达旦。嵇康说"非夫旷远者不能与之嬉游，非夫渊静者不能与之闲止，非夫放达者不能与之无吝，非夫至精者不能与之析理也"。

汉代的桓谭在《新论》中说："琴有伯夷之操，夫遭遇异时，穷则独善其身，故谓之操。尧畅远则兼善天下，无不通畅，故谓之畅。琴神农造也，琴之言禁也，君子守以自禁也。八音广播，琴德最优。八音之中，惟弦为最，而琴为之首。神农氏上观法于天，下取法于地，于是始削桐为琴，练丝为弦，以通神明之德，合天地之和焉。琴七丝，足以通万物而考治乱也。或云伏羲，或云神农，诸家所说，莫能详定。"

汉代人对琴这样神秘而夸张地陈述评价以后，一晃又两千多年过去了，当我第一次看到这些文字，发现古代圣贤与古琴关系如此密切时，总觉得古琴就是一个文明的象征物，没有足够的力量，怎能拔出厚重悠远的声音？其中的欢欣鼓舞，不亚于发现了藏宝地图。

然而，又几年过去，当翻到明清的琴谱，尤其那些前面的序言时，我发现没有了新意，明清的人几乎都在抄汉人的原话煽情，或是感慨一下大雅久不作、今人多不弹。但是，琴谱却是一如既往、悄无声息地在变化。在某些方面，古人不见得高明，许多理论内核的问题没有相应的进展，文化学方面又有些因循守旧，但对古琴艺术本体的发展，古人却从未停止。很多琴曲，从唐代的八九段，发展到清代的十八段，如果被序言所欺瞒，那可真是相信了标题党，被古人瞒过了。

在故宫博物院的藏琴中，有一张唐代的"九霄环佩"琴，琴背有苏轼、黄庭坚的题款。初见此琴，如见苏黄当年抚琴歌诗，怎能不令我感动。等到后来，发现苏轼题款字样竟有出处，证明了这是伪款。又见到重庆博物馆所藏宋琴上，也有伪苏款，也就是说，是后人把他们的字迹刻在唐琴宋琴上，用来表达各种目的，或是古董商自抬身价，或是附庸风雅的自我满足，总而言之并不是苏东坡特地为这张琴所题。

对于古琴的认知，往往就这样被好琴之人所欺瞒——有意欺瞒，或无意欺瞒。

但是，琴还是琴，音乐也还是音乐。当一切有关古琴的美好出现的时候，我们也可以先置其真伪于不顾。因为毕竟古琴有这样一些特点：它首先是一个有着四千年以上历史的古物（不同于文物），可以发思古之幽情，也可以循着古谱发出古人听过的声音，它是古代文人圣贤所钟爱诗意的音乐，阐述的音乐也是他们谈玄论道的辅助。这些恰好为我对古中国的所有认知与想像提供了亦真亦幻、穿越时空的背景音乐。所以我当时的想法是，遵循这种演奏，我不就能践履古人之所闻、古人之所思，如佛家密教之三密相印一般。

记得我九、十岁左右，家里有了一张古琴唱片。更早的时候，是通过无锡有线广播转播中央人民广播电台节目中的古琴音乐欣赏。我很早就听到了《流水》的自然节拍，迷恋于《梅花三弄》的古雅清高，从来没有过"琴筝不分"。每当广播音乐中偶然听到某种声音，我会雀跃而起惊呼"古琴！是古琴！"，并不亚于在一包糖果中一眼挑到大白兔糖的兴奋。

那首《梅花三弄》，是我当年印象中的古典正宗，后来才知道是古琴大师吴景略先生的演奏版本，这种节奏比较晚出，只有几十年。多年以后，我认定这个打谱节奏虽然晚出，但比传世的版本"老梅花"要早得多。也就是说，我们所认定的新版，实质上却是更早的节奏。不久，我又听到了一个无法捉摸节拍的曲子，那种神奇的音响，似连非连、似断非断，洒脱而放浪形骸，我不确认这是不是张子谦先生的《龙翔操》，我又从文字渲染的神秘感，转移到了这种再现心灵自由的音乐节奏的神秘感。古琴上种种"神秘现象"的原因到底是什么，没有深厚的学识，真的很难触摸到背后的真实。

就是这些古琴难以言状的特殊，伴随着我开始了学琴之路。

1992年9月，我第一次看到古琴的地方，就是现在薛家花园"怀顾堂"的位置，当时属延安新村。2014年秋，无锡古琴研究会在这里举办雅集，我这才发现这里竟就是二十几年前我见到古琴的位置。当年，我在徐耀增先生的引荐下去见祝世匡老师。走进昏暗的一楼，一间朝北的房间里，我第一次见到笑呵呵的祝老师。除了半房间和半床的破旧乐器外，让我感到吃惊的是矮胖的老先生居然穿着一件已经旧得有孔洞的汗衫。而我此行所愿的古琴，仅占据着写字台的一侧。这是一张明代的古琴"太古音"，主人并不是祝老师，而是吴云孙（即吴士龙，吴啸雄之父），后来我和师兄顾志明常用它练琴。由于这张琴的两个护轸已经不存，留下两个断口，初学琴的我们还曾经在一次旅途中争论古琴上有没有这两个东西。

其实当年我们这种争论不多，更多的是关于琴乐的精神方面和古指法理解方面的。比如《声无哀乐论》，我和师兄意见相左，水火不容。当时我的兴趣已经从老庄转移到佛学，我认为无记之说和性无善恶论、声无哀乐是一样的。而顾志明则认为古琴的声音就是悲的，他引用了很多经典记载来说明声以悲为美，来反对我的观点，唯其声悲，则感人。但我觉得只有悲的人才觉得它悲，这只是中国历史悲惨的现实在音乐上的反映罢了。

其实悲惨的现实就在我们身边。祝老师曲折的人生，那个堆满破旧乐器的房间，如果用音乐来表示，恐怕古琴是不够的，需要阿炳的二胡才行。

但祝老师从来没有露出他的愁容，在和我们一起的时候，他总是微笑着点着头。他提出来的有关技巧的问题，总是启发着我们思考古琴指法的微观层面。比如一个绰，他问我起点在什么地方？是在左手按弦的静止中弹，还是在运动中弹？他问我滑音和拂这样的散音有什么相近处，和声为什么以最后一个音来记？毕竟，祝老师精通那么多的中西乐器和东西乐理，在他暮年，面对这两个并不学音乐只热爱古琴的年轻人，用这样的方式来教诲，更为形象一些。

那时除了老师给的油印教材，就是祝老

师用毛笔手抄的琴谱。我们又翻遍了图书馆，找到了《琴史初编》和一本香港音乐学者的音乐史，其中有大量的古琴章节及指法汇总。后来才知道，这些都抄自杨荫浏先生，而杨荫浏先生，是无锡人。

"是无锡人"，这四个字从掷地无声，到掷地有声，也经历了许多年。先是顾志明告诉我，祝老师当年是师从杨荫浏先生学古琴的。杨荫浏是谁，我是初中时是知道的。当时第二中学的图书馆里就挂着杨荫浏的照片，在今天的王选纪念馆内。后来，我又知道了瞎子阿炳与杨荫浏、祝老师的关系，知道了一系列的掌故。而杨荫浏为什么会在中国音乐史著作中这样大量地讲述古琴音乐史，却让我非常的意外，因为当时没有其他人提到杨荫浏和古琴是何种关系，以及对古琴做过些什么。他对古琴的重视和全国性抢救所做的工作，都是后来我们才了解的，一开始祝老师都没有说。我当时意外只是因为我喜欢古琴，而这么不为人所知的古琴，在杨荫浏的书上却占了那么大的篇幅，而且他还"是无锡人"。我开始对家乡的古琴有了一些模糊的感觉，但却无从去把握。

我开始学琴，从《关山月》开始。同时满脑子都是与古琴相关的稀奇念头，此起彼伏。《关山月》这首琴歌就和杨荫浏有关。1948年他把李白同名诗和梅庵琴人所弹这首琴曲相配，成了一首天造地设的琴歌。

当年我从世泰盛旁的小弄堂走进去，一下就到了闹市后的陋巷，转到顾家弄，如果隐隐有古琴声传来，表明师兄在家，便可以在这里神游一番。这是一个旧式小院落，庭

杨荫浏

祝世匡

"天韵社"耕兰草庐 左起依次为：阙献之、唐慕尧、沈伯涛、沈达中、杨荫浏

1999年5月1日，与弟子吴炯恢复中断几十年的无锡古琴雅集活动，在惠山竹炉山房雨秋堂举办梁溪琴社古琴雅集

院里有花草，但已经混乱不堪。我们在东侧厢房里弹琴，地板吱吱响，有一张琴桌，此外就是一个写字台和一张单人床。祝老师也和我一样，会忽然来到，一老两小，度过寂然的时光。

我在这里向祝老师回课，把关山月弹完，尤其是那段按音总算连了起来。

弹完琴，我们喜欢和祝老师聊旧时的古琴故事，一开始并没有目的。后来我开始有了点意识，用纸笔记下，一个一个提问，这其实就是民国无锡古琴史的口述笔录，为后来无锡古琴史的撰写保存了重要实据，很多人物通过这个笔录，才有了继续发掘的可能，后来的学琴者也通过这个了解了民国无锡的琴史。

那时无锡会弹古琴的人绝少，手上抱一张琴，绝大多数人是不认识的。我们背着琴乘春运的火车，被警察当枪支检查，经过闹市，被当成钓鱼竿、射击队。有一次偶然经过一条陋巷，一位中年人突然回头对我们说，这个是瑶琴吧！我和师兄惊讶地相视一瞪眼，大有遇到钟子期的意思。

瑶琴，这是古琴的别称，和"瑶池之乐"有关。这个名称一般在文学作品中出现。

关于这些，很早的时候，我就被《警世通言》中这一段吸引："此琴乃伏羲氏所琢，见五星之精，飞坠梧桐，凤凰来仪。凤乃百鸟之王，非竹实不食，非梧桐不栖，非醴泉不饮。伏羲氏知梧桐乃树中之良材，夺造化之精气，堪为雅乐，令人伐之。其树高三丈三尺，按三十三天之数，截为三段，分天、地、人三才。取上一段叩之，其声太清，以其过轻而废之；取下一段叩之，其声太浊，以其过重而废之；取中一段叩之，其声清浊相济，轻重相兼。送长流水中，浸七十二日，按七十二候之数。取起阴干，选良时吉日，用高手匠人刘子奇斫成乐器。此乃瑶池之乐，故名瑶琴。长三尺六寸一分，按周天

三百六十一度；前阔八寸，按八节；后阔四寸，按四时；厚二寸，按两仪。有金童头、玉女腰、仙人背、龙池、凤沼、玉轸、金徽。那徽有十二，按十二月；又有一中徽，按闰月。先是五条弦在上，外按五行：金、木、水、火、土；内按五音：宫、商、角、征、羽。"

今天我再看到这些话，真是所谓的"可爱者不可信，可信者不可爱"。初学者津津乐道的类似的话，往往认定这就是真的，或是假的，更有人按这个作纲领深而广之，认为这就是古琴文化。当年我同样被浪漫主义俘获，真是所谓的"欲令入佛智，先以欲勾牵"。其实这只是一种诗意的解释，或者是善意的谎言。

从浪漫主义的诗意入门，然后我看到的就是一头雾水。

在祝老师那里，我第一次看到了古琴谱"减字谱"，这是一种像天书一样，又似乎简便实用的记谱。我当时就联想到了没有标点的古文和无法解释的佛教密咒。这一个个组合成字的谱，怎么解？是不是掌握了指法就能解？是不是没标节奏就可以随便弹？这没有节奏、首尾相连的一堆字，即使是每个音都找得到，仍然不确定什么节奏的乐谱，可塑性极强又不能"乱弹琴"，到底是个什么奇异的现象？是否就像排列组合一样可以弹出亿万种版本？我又联想到了"诗无达诂"，这简直让人目瞪口呆。就是这种只记录左右手指法音位和一些演奏细节、提示的谱子，记录下了三千多首古代琴曲。这到底是古人的智慧，还是古人的无能？密电码似的琴谱，给了我非常广阔的想象空间。我弹不了，那古人看着这个会弹吗？

现在我明白，减字谱只是指法音位等演奏细节的备忘录，而节奏，在当时是需要师徒相传的，但又允许有所变化，这其实是古琴艺术中最为深奥的部分。

那时，书上的诗意和古琴现象的神奇，和现实中的逼仄反差太大。不久，我便从这些恍兮惚兮的世界中醒过神来，开始看到了现实问题。老先生弹琴的环境，和周围人对古琴的认识，与恍兮惚兮相比太简陋了。听着老先生们聊天，讲到他们年轻时弹琴人的活动，比如民国无锡天韵社那些弹琴的人，我们只能凭想象，既觉得美好，又觉得不可捉摸。

1993 年，可以说是我们最初的古琴雅集，也就师徒四人——祝老师和天韵社的沈达中老先生，我和师兄顾志明。两位老人都是 1984 年最初筹备成立无锡古琴研究会的前辈，他们的古琴学自天韵社杨荫浏、沈养卿等人。我们在健康路的政协老年活动室里弹琴。记得有一次，我进大门的时候，在那里唱京剧的另外一个老先生看到我进门来，便问我是不是想学京剧。我怔了一下，说京剧我喜欢，可是我是来找祝老先生学古琴的。那位老人疑惑又茫然地哦了一声，让我进去了。

那时京剧虽然不像古琴那样气若悬丝，但年轻人基本都在跟着港台腔唱歌，京剧那是老人的事，更别说古琴了。

我们还跟着祝老师认识了今虞琴社的吴啸雄老先生，他父亲吴士龙和祝老师也是琴友。吴啸雄先生也是 1984 年一起筹备无锡古琴研究会的老人，我从他那里了解到了广陵派的一些特点，和张子谦先生的唱谱方式。这些录音，多年后我转交给了他的后人，他们听到去世父亲的声音，竟对我十分的感谢。

不久，我拥有了自己的琴，其时扬州刚刚有了像样的古琴制作。祝老师说起镇江的琴家刘景韶，告诉我们镇江梦溪琴社成立时，梁溪琴社是去祝贺的。因此我们找到了镇江刘景韶先生的儿子刘善教老师，并从他学习了大半年梅庵派琴曲。刘老师那时非常忙，每逢周末还要去扬州帮琴厂监制古琴。我们去上课，不但不收学费，每次还要请我们吃饭，让我们感受到什么是师恩难忘。

不久，我们又拥有了一盘磁带，里面有吴景略先生的《潇湘水云》，和他哲嗣吴文光先生的《碣

蒋汉槎
陋室铭琴谱

石调·幽兰》。这父子二人，于琴史而言，相当于书法史上王羲之、王献之父子。有幸的是我和顾志明后来都能师从吴文光先生。我与师兄虽在古琴上观点有所不同，但对于吴文光先生，则是绝对的敬仰服膺，一致认为当今第一人非他莫属。这也是我们第一次听吴文光先生所弹《碣石调·幽兰》录音时认定的。

这盘磁带上，《幽兰》开始时配有男声朗诵，是韩愈的《猗兰操》："兰之猗猗，扬扬其香。不采而佩，于兰何伤。今天之旋，其曷为然。我行四方，以日以年。雪霜贸贸，荠麦之茂。子如不伤，我不尔觏。荠麦之茂，荠麦有之。君子之伤，君子之守"。

《幽兰》手抄卷存于日本，谱子的序言上说，梁末的琴家丘明擅弹此曲，但是因为幽兰一曲"声微志远，不堪授人"，从此"其声遂简"。

清末，杨守敬从日本带回了《幽兰》谱的影抄本，让中国的古琴家大吃一惊，且不说这样的谱式，在中土已经绝迹，而且没有任何的记录，这个精绝的曲子，也在中土失传，闻之未闻。如此精绝的曲子，居然失传，这说明得以大量流传的曲子，的确是精华，然而那最上端的精华，却未必就能流传。古人的高度，还有多少不为今人所知？

囿于科技的原因，古代音乐没有录音可以保存，音乐与时间同步，听到就是消逝。它只唤醒你原本深藏的情感，你有，你便能听到；你懂，你便能重现它；你有几分，你的重现便是几分。当我听到这些一千多年前创作的音乐时，我总觉得以我们几十年的人生去解释几千年的思想和情感积淀，往往是盲人摸象，因此，要真正触摸到古琴传统精髓，没有博古通今的学问，你只能算一个音乐爱好者。

古琴的滑音是特别奥妙的，从声音产生到改变音高，做出吟猱上下的滑奏，直到声音飘渺消逝于太虚，这样让听觉变得敏感，对音的理解有指向了有和无，因为我听到了消逝。所以，对于一首几分钟或十几分钟的琴曲而言，又变成"我身常在，音乐是过客"。这和琴为常在，我为过客的感慨相比似乎相近。过客总让人感到惆怅，但其实，过客恰恰是最珍贵的，就像是时间，就像是精彩的生命。

当时很多没有听过古琴的朋友来，我就弹琴给他们听，他们走的时候非常兴奋和满足，但是两手空空。因为我给听者的不是书画家手上的作品，可以带回去，也不像钱货交易后，拿到钱的往往去感恩买家，买家收获的不只是货。在物质的世界，非物质的成就往往被忽视。因为非物质的价值在现实中往往需要依附于物质价值，昧着良心胡说的个别人也就出现了。对于其中具有话语权的人，我更相信他们本来就是学问上的低能儿。

从这个角度来看，浮云毕竟是浮云，古琴依然东流去。

很多古琴古曲的意蕴，是对文明和传统的敬畏。传说的舜帝，在古琴曲中也是一个多面的意象。比如琴歌《湘江怨》，是写舜的两个妃子娥皇、女英思念舜帝的故事，又如《潇湘水云》，还有《南风歌》，直接就用了"舜弹五弦之琴，歌南风之诗"的典故。

记得当年我问天津的高仲钧老先生要这首曲子，他邮寄了他打谱的《南风歌》给我，我为此作了一首五律感谢他。传说舜活了一百岁，高仲钧老先生唱此歌时苍老平和的声音，总让人觉得老人的气质来唱这曲更为合适。很多人觉得很不习惯，可是我却觉得这是个好事——古琴能让我弹到老、唱到老、从事到老，这恰恰是一件很让人高兴的事。

1996年，祝世匡老师带着我去见无锡音乐协会的宋一民主席，梁溪琴社开始恢复活动。秋天，受镇江梦溪琴社、苏州吴门琴社、常熟虞山琴社的邀请，祝老师和我们几个学生赴外地交流。其后，无锡的古琴活动怎么办，也在我们几个无能为力的弹琴人心里愁着。

1999年10月，惠山竹炉山房"雨秋堂"内，一月一次的梁溪琴社古琴雅集终于开始。2004年，西水墩古琴雅集开始，2006年11月，无锡古琴研究会成立，吴文光老师为琴会题写了会牌。成立大会上，刘善教老师和其他江苏琴家来祝贺演出。从此，每两周一次的无锡古琴雅集开始了，至今已办了近十年。在琴会成立之初，无锡能弹奏古琴的学生，也不过十余人，参加古琴研究会的会员，有一些还没有开始学琴。

无锡古琴研究会成立后，一系列的工作成为我业余时间的常态。随后，民国无锡古琴家蒋汉槎的资料出现，他所作的《陋室铭》琴歌，这首我学琴之初祝世匡老师传给我的手抄谱，是民国天韵社琴家的作品，我将此曲弹出，将之重现于舞台。那些已经鲜为人知的琴家的老照片，也在我与他们后人以及

社会贤达的努力下陆续被找到，如吴士龙刊登在二十世纪三十年代《今虞琴刊》上的照片，天韵社著名琴家赵鸿雪的照片等。此外，我从各种文献和其他途径，对一千多年来的无锡古琴史进行了整理，还发现了虞山琴派开山琴谱《松弦馆琴谱》的校定者、明代琴家沈汝愚是无锡古琴家这一史实。这些成果加上祝老师、沈达中先生留下的材料、天韵社琴家老照片、手稿、抄本、录音，成为无锡古琴史得以撰写成章的重要来源，并通过我一次次地通过报纸、广播、电视进行宣传，了解到无锡琴史的人开始注意到了这门艺术与无锡的关联。

随后的几年，古琴在我们这个城市发生了变化。2009年，无锡古琴研究会成立三周年，举办了"吴声国风古琴名家汇演"，这是无锡第一次举办大型古琴专场音乐会。2013年，无锡古琴研究会保护、申报古琴艺术终于成为无锡市级非物质文化遗产项目。2014年3月，无锡大剧院举办了纪念祝世匡先生一百周年诞辰"大雅德音中国古琴名家专场音乐会"。12月，吴文光老师专程来无

锡，为我们讲授虞山吴派，并为我们题字"梁溪正声"、"虞山琴派"……

读史是容易走神的。尤其看到相似的剧情不断重演，我就会想：在无始无终的时间上，我怎么就处在这个时段——需要去刻意寻找，才能看到中国优秀传统的时代，略似"前不见古人，后不见来者"。琴为流水我浮云，好在浮云能见一程流水，我也就不白生于无锡，不白弹了古琴。

古琴曲《渔樵问答》的解题中说，"古今兴废有若反掌，青山绿水则固无恙。千载得失是非，尽付渔樵一话而已。"王维的诗则说"言入黄花川，每逐青溪水。随山将万转，趣途无百里。声喧乱石中，色静深松里。漾漾泛菱荇，澄澄映葭苇。我心素已闲，清川澹如此。请留磐石上，垂钓将已矣。"

吴炯／中国古琴学会理事、无锡古琴研究会会长

2004 年 5 月出版的《书法丛刊》封底刊登了船山先生张问陶的一幅行书立轴，"屋小刚容我，浮生此一涯。画山终日对，诗笔数枝斜。庭响邻家枣，书干隔岁花。晚凉谁送酒，风叶助煎茶"。船山先生的字是文人字，极具书卷之气，看着让人喜欢，于是便选了一段竹子，摹刻了。那时，距我开始刻竹已十年有余。

摹刻这幅书作不仅仅是喜欢船山先生文人气十足的书法，更是喜欢他这首诗里透露出的传统文人的生活方式。这首诗是张问陶在 35 岁那年也就是嘉庆三年（1798 年）7 月所写，当时，他住在京城贾家胡同，正处于丁忧期间，所以生活应该比较清闲，也许正是这种清闲的生活，让他的这首诗本真地反映了文人的生活情致。

与船山先生相隔数百载的我，虽置身喧嚣的都市之中，却也乐于寻觅船山先生笔下的生活情致。好在自己和家人努力工作，得以温饱，并有斗室一间，出于对亲人的怀念和对清逸生活的追求，我把它名为"归云轩"。

"归云轩"并不大，虽搬过两次家，自己的斗室还是没有超过 $10m^2$，一架书柜，一张祖父传下来的老式书桌，除此而外，窗台、壁柜这些方寸之地，大多被竹子、砖瓦占据了。

竹

"雪后寻梅，霜前访菊，雨际护兰，风外听竹，固野客之闲情，实文人之深趣。"竹子被历代很多人所喜欢，特别是文人。于我而言，对竹子除了喜欢，也是书印之余，可以就刀的另一种材质。

身在江南，竹子很多。母亲是宜兴人，宜兴产毛竹，最初用于竹刻的竹材是母亲陪着我在宜兴的竹园里采回来的，那时我大学刚毕业，刻的第一件作品是我大学第一年时，王能父先生送我的一副对联：黑发不知勤学早，白头方悔读书迟。

王能父先生是泰州人，书印俱佳，二十世纪八十年代，客居无锡，为恢复无锡园林名胜中的历代碑刻做了很多事情，至今在无锡的各处园林之中都留有他的墨迹和石刻。能父先生与

屋小刚容我

文 孙立

一架书柜，一张祖父传下来的老式书桌，除此而外，窗台、壁柜这些方寸之地，大多被竹子、砖瓦占据。

祖父交厚，我十多岁时学习刻印，就曾随祖父求教于他。二十世纪八十年代末，能父先生受聘于苏州艺石斋，往客吴门，而我正好到苏州读大学，祖父嘱我常去探望。当时，先生独居于旧学前曙光新村的一间斗室，上午往观前街宫巷艺石斋上班，下午常在室中抽烟闲坐，而我也就常常在没有课的下午去那里，相互泡一杯茶，坐着聊天。他常嘱我，刻印先需习字，于是我边学刻印边习篆隶，有时他写字刻印，我就在一边铺纸钤印，细细观摩，如此七载，这七年也是我书印进步最大的七年。

因为有了刻印的基础，以阴刻之法在竹子上摹刻书画觉得并不难，了解了竹子的特性之后便能得心应手了，运刀也基本与刻印相仿。最初的几年，摹刻过大千的仕女，青藤的兰草，梁楷的李太白……只是现在多数已不知去向。

那些年，由于毕业后留在大学任教，教务又不是很忙，于是常常会有较多清闲的午后和寂寥的夜晚，就给了我很多写字、治印、

摹刻竹子的时间。单身教工的一间斗室，一床一桌而已，靠着桌子的一面墙上，满是图钉的钉痕，那时刻完印顺手会把印蜕钉在上面，桌子上除了书，就是几片竹子……几年后，从苏州回到无锡，结识了专事留青竹刻的无锡竹刻家许焱先生，学习了留青之法。由于工作比在学校里忙了很多，没有了清闲的午后，但灯下的夜晚依然是刻竹的时间，而这样的日子一直持续了多年。

刻上了竹子，就感觉到刻竹与刻印是不一样的，刻印单纯，以字为主，刻竹则书与画同样重要，所以在竹子上刻什么常常是个困扰。翻检当代的竹刻，刻的往往是所谓的名人书法，要不就是牡丹锦鸡之类，躲不开利益的诱惑，也就难得清雅之气。翻开一本《竹人录》，竹刻先贤们大多是"竹人兼画师"。嘉定竹刻的开山鼻祖朱氏"三松"中，松龄"工韵语，兼雕镂，图绘之技"；小松"工小篆及行草，画尤长于气韵"；三松"性简远，善画远山淡石，丛竹枯木，尤长画驴"。更有甚者，如后来之周芷岩，"行草跌宕奇伟，

师苏长公而多自得之趣。山水竹石临摹宋元诸名家，尽得神髓"，他以"画法施之刻竹，合南北宗而为一体，无意不搜，无奇不有"，更是达到了"画师兼竹人"的境界。周灏不仅是竹刻名家，在画坛上也留名青史。先贤们刀下的竹刻，也许仅仅是茶余酒后一时兴起所作，抑或是书罢绘毕调节身心的游戏，正是这样的情形，才使得他们的作品有了"书卷之气"。

其实竹刻的"书卷气"是我开始刻竹以来一直的追求。多年对书印的理解和感悟让我常常选择张船山、梁山舟、蒲作英、钱坤一的书画作品作为底稿，他们的书法、绘画各有特色，但闲静、疏朗、淡泊、清逸是共同的特点。用不同的刀法，将这种文人"书卷气"再现于竹面之上，才能与竹子的高洁之气相辅相成。而竹刻先贤们的境界也一直让我心驰神往，在刻竹多年以后，也终于摒弃摹刻，以自己的书画入竹。斗室窗前的玉兰，无锡园林的小景，临写的六朝砖文，古人诗赋，抑或是涂几片竹叶，一朵野菊，枯坐的禅僧……

刻竹于我，之初只是一种尝试，而如今，

很多时候，则早已视之为"玩物"的一种了。多年前，许焱先生送我一片养了五六年的素臂搁，竹面已然红润。臂搁比较宽，我便截为两片，稍大的一片选了一段古人书论刻了，余下一片 2cm 宽的竹尺舍不得扔，一直放着。一日午后，在轩中闲坐，无聊间涂抹些小品，兴尽，砚中有余墨，顺手拿过那根存了很久的竹尺，因表面红润，不忍破坏，就在背面竹簧上写下疏梅一枝，题款"幽人自得清冷趣"，因为写得顺手，颇有兴致，马上刻了。制完的竹尺留着点手工制作的痕迹，红润的竹面因为受潮，也有几点斑痕，但正是这样的不完美和随性而作的情致，自觉挺有玩味。朋友知我刻竹，也常以老竹材相赠。宏涛兄就送来过一根他觅到的别人用了数十年的旧竹杆，表面包浆莹润，光可鉴人。因竹杆较细，我便取了一段，两头带节，于竹节处画细枝梢带几片竹叶，取老枝新叶之意，并刻款"老竹一段，新叶数片，阿立为之"，成小臂搁，回赠朋友……

金西厓是近代竹刻名手，他在《竹刻小言》中说，至"清代晚期，竹人自画自刻者日少，虽名手如蔡容庄、袁椒孙，画稿亦非自作，

归云轩主人制竹刻

竹刻小件　　　　　　　　　　　　鱼乐图把玩件

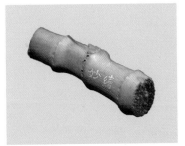

"妙续"竹鞭笔搁

蒲华书法留青臂搁

山水纹把玩件

牛骨小镇纸

而有求于画师矣"。故此西厓兼习书画，留下的作品中，虽然不少是与近代海派书画家合作的，但相当部分是自书、自画、自刻的作品，这是艺坛佳话。南朝刘孝先有写竹诗，"竹生空野外，梢云耸百寻。无人赏高节，徒自抱贞心……"如果没有"徒自抱贞心"的见地，金西厓也不会让清末以来颓废的竹刻艺术再起波澜，而这也算是我自己"玩物"之外的一点点追求吧。

如今，我常在案头上备几块竹材，兴之所至，写几个字，涂几笔画，再捉刀而刻。虽然多年临池不辍，但于绘事，却需补课，常常自嘲，十年刻印之后开始刻竹，刻竹二十年之后开始画画，为时不晚矣。

其实传统的文人竹刻对现代生活而言没有多大的意义，流传的竹刻作品中，除了扇骨还有部分实用功能之外，笔筒与臂搁已很少有实用价值，但笔筒与臂搁却占了传统竹刻作品中的绝大部分。笔筒用来纳笔，现在只有书画爱好者和少数人会用到，臂搁是古人写小楷时用来垫手腕和防止揩掉墨迹的，在现代生活中，它已毫无实用价值。应用的

竹文房

形式上尚且如此，况乎竹刻作为一类文玩呢？

文玩是传统文人把玩的器物，传统文人在"把玩"中，达到物我两忘或人物合一的至高精神境界。竹刻放在案头使用，闲时亦可把玩，故此也是文玩的一种。但是没有了实用上的需求，竹刻也仅仅成了摆设，自然也就算不上真正的"文玩"，刻竹也不免有点为刻而刻的意思。把刻竹作为追寻文人生活情致的一种方式，却因为竹刻作品远离生活实际需要而无法真正达到古人"玩物"的境界，也不能不说是一种尴尬。

做些竹器，或可打破这种尴尬。

竹刻的制作其实包含了制器的过程。刻竹是竹刻的最后一道工序了，竹材从山上取回，需经过蒸煮，去除油脂，防止日后霉变虫蛀，然后裁锯成合用的大小，阴刻的话需刮去青皮，打磨光滑才能施稿奏刀。刻竹二十年间，每一块竹坯都是自己亲手制作，一件竹刻，往往制坯比画稿刻制还要费时费力。如果把制坯的时间与精力转而为制作具有实用价值的文玩竹器服务，那么竹刻就能融入生活，也能增添"把玩"的精神享受。

制过两件实用笔搁，一件为罗汉竹，一件为竹鞭，一件是有意为之，一件是无意偶得。一次去朋友家里，看到有罗汉竹，竹节凹凸有致，便萌生了做笔搁的灵感，于是在网上购得几根直径三、四厘米，竹节很漂亮的罗汉竹。选取一段劈开、刮去竹皮之后，发现这是根干透了的老竹，密玉已微红，让我愈加欣喜不已，于是制器完毕，并写好器铭细心刻了，再上油一揩，真如旧物一般，非常可人。制竹鞭笔搁的竹鞭是一次去公园时在竹林里拣到的，回来洗净后截了几段印材，余下的这根一直想不出做什么，于是扔在一边。一天，坐在室中无聊，便拿桌上的小东西把玩，突然发现它能做一个笔搁，既不用截也不用磨。笔搁是用来在书写间隔时搁笔用的，搁完了还得继续往下写，不管是文章也好，书法也好，作者都希望能越写

越好，于是刻铭"续妙"。

笔搁是文具的一种，古时的文具品种分得很细，《长物志》里记载的文具有50多种，很多现在都已用不着了。曾经有一年，自己用竹子制作了一套文房用具，包括笔搁、笔山、墨床、印规、笔舔、水盂、臂搁、笔床、笔船和书签，每一件都刻了铭文或书画。制作这样一套竹文具，只是一种复古式的创作，但其中笔搁、笔山、书签等现在仍能实用的器具颇得友人喜爱，这也看出，现代社会中的竹刻，要能与生活相关联，才能有生命力。

竹制香具和茶具是文具之外，能与生活相联系的竹器。上述一套文具中的笔舔，因为不常用，不久之后就被改成焚香的香插，可以在日常使用把玩。也曾制过茶则等茶具。但制器毕竟是"粗活"，所以每制一器，必题铭刻铭。年初的时候，与研山堂青藤先生茶话，先生说起曾见过竹笛状的香具，问我能做否。当时手头正好有尤兄送的几段老竹，便取了一段，两侧依佛教中的圆满数字"七"，各开七孔，以此而成香薰一件，只是题铭一时无得，然无碍使用，平日常常以此薰香，以待巧思……

砖

"状似笏，声若铁，瘦比金石声金玉，琢之为砚伴幽独"，这是尹光华先生为我所制的永元十六年砖砚题写的砚铭。这方砚就放在不染楼的书桌上，先生平日书画常用，这也是我

君子竹臂搁 罗汉竹笔搁 归云轩竹刻

多年制作砖砚中唯一一方整砖砚，也是制过的最大的一方砚。

那是在 2012 年夏，阿唐兄从沪上来锡，谈起尹光华先生想制一方砖砚，要求砚池宽大，以适合先生擅长的大写意绘画之用，想请我代为制作。不久，阿唐携来先生自己挑选的一块蜀中汉砖，砖侧有模印图案和铭文"永元十六年十月廿八日吉"。这是一块东汉年间的铭文砖，砖质坚密，从形状上看，上下略有宽窄。我为这方砚设计了方中带圆的砚池，以砚池四边四条弧线和四个圆角，与上窄下宽的砖形相配合，既满足砚池宽大的要求，又弥补砖形不周正的缺陷，也符合砖砚要求大气简洁的传统。

自夏而秋，这方砚从设计到完成制作三月有余，因为是利用业余零散时间断断续续地做，所以仅制作时间就有一个多月。尹光华先生对这方砚非常满意，欣然为我拓制的砚拓题了这二十个字的砚铭，并小跋一段："壬辰夏月得汉蜀中永元砖，吾乡孙立君以一月之功，磨砻为砚，古色古貌，坚润发墨，真佳物也。与嘉靖雕漆砚屏，王良常灵璧砚山同为不染楼中长物，喜作此铭志快。"

尹光华先生跋中所言嘉靖雕漆砚屏和王良常灵璧砚山都是先生近年所得古人佳制，将永元砖砚与它们并列，实为对我这样的后辈最真诚的鼓励。

自己对于秦砖汉瓦的喜爱其实从学习书法篆刻之始就有了。1992 年时候，曾有一套《中国书法全集》出版，虽然很想买，但正是大学期间，没有多少余钱，所以只买了几本，其中就有第九卷《秦汉砖文陶文》。虽然书翻了很多遍，但一直没有机会接触到秦砖汉瓦的实物，直到 2004 年左右，偶然得到信息，浙江一带陆续出土汉魏六朝文字砖，那时淘宝刚刚兴起，网购便成了我淘砖的途径。

最早从网上淘来的砖是一块明清时期模印楷书"福寿"的青砖和两块西晋"太安二年七月"砖，都做成了砖砚。古砖为砚是清代以来随着金石学的兴盛，在文人中形成的一种风尚。清代中晚期的金石收藏家端方、陆增祥、陆心源等都收藏有为数不少的汉晋文字砖和砖砚，对于古砖的著录和吟咏也是层出不穷，其中最著名的当然是陆心源的《千甓

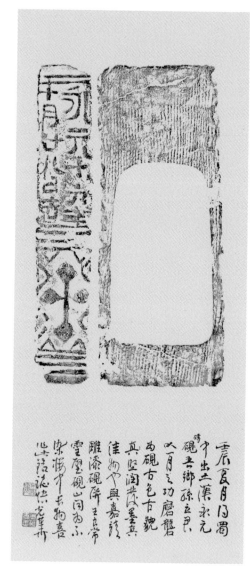

尹光华题永元砖拓

状似笏，声若铁，瘦比金石声金玉，琢之为砚伴幽独

壬辰夏月得汉蜀中永元砖，吾乡孙立君以一月之功，磨砻为砚，古色古貌，坚润发墨，真佳物也。与嘉靖雕漆砚屏，王良常灵璧砚山同为不染楼中长物，喜作此铭志快。

状似笏色若铁坚比顽石
声金玉琢之为砚伴幽独

亭古砖图录》。到了近代，海派大师吴昌硕可以算是最会"玩砖"的人了，他不仅痴迷古砖，而且他的不少砖都由他自己制砚、刻铭并作题咏。2005年11月，吴昌硕自己制作、自己刻铭的黄武元年砖砚拍出了66万的高价。制砚用的黄武元年砖，是吴昌硕的好友金俯将在1882年送给他的。吴氏得砖后制为砚台，并在砚侧刻铭"壬午四月金俯将持赠。黄武之砖坚而古，卓哉孙郎留片土，供我砚林列第五"，此后一直自用。吴昌硕在晚年谈论书法的诗作中还说"清光日日照临池，汲干古井磨黄武"。吴昌硕的这段轶事，一直被喜欢秦砖汉瓦的人们所津津乐道。

像陆心源这样，藏砖并集结出版并不容易，所以以古砖制砚成了清代以来文人"玩砖"的主要方式，这也是古砖——特别对于残砖来说——最好的归宿，也让砖砚走入了文人"玩物"的最高境界。

玩砖之初所制太安二年七月砖砚，就是一方值得玩味的砖砚。这品古砖在陆心源的《千甓亭古砖图录》中就有记载，可见早期已有出土，但自古至今，所见皆残。砖侧铭文"太安二年七月"字口深峻，是带有铁线篆味道的隶体，不仅古拙可爱，而且蕴含着丰富的历史信息。太安二年，即公元303年，西晋惠帝司马衷在位，时值"八王之乱"，战乱纷纷。书圣王羲之就是出生在这一年，而那一年，三国名将陆逊之孙陆平原由于遭人进谗言，被害于军中。两位中国书法史上赫赫有名的人物，在这一年一生一死，岂不让人感慨万千。

近代名人，除了吴昌硕，周氏兄弟也是酷好古砖和古砖砚。鲁迅生前就有一方大同砖砚，他十分珍爱，现在还收藏在北京鲁迅纪念馆里。周作人在1915年得到过一枚凤凰砖，所以他把自己的书斋命名为凤凰书斋，并请琉璃厂同古堂的张樾臣给他刻了一方收藏章，印文是"会稽周氏凤凰砖斋藏"。后来他又买到一方永明三年的砖砚，又想把自己的"凤凰砖斋"改名"永明砖斋"，这些都记录在他的日记里面。"凤凰"是三国时期吴主孙皓所用的年号之一。凤凰砖在以前出土并不多，所以一直被人珍视，堪称一代名砖。人们喜爱凤凰砖，也许不仅仅是因为它稀少，更可能是因为"凤凰"历来被尊为圣鸟，有吉祥高贵的喻意。吴主孙皓在建衡三年下令次年改元"凤凰"，也是因为"西苑言凤凰集"，认为这是祥瑞之兆。

在玩砖多年之后，一位砖友惠让了三枚"凤凰元年"砖。于是将其中一枚打磨成形，作圭形砚池。"圭"为古代玉琢之礼器，"圭"形砚也是传统经典砚式，应该能与"凤凰"的祥瑞之气相得益彰吧。

古砖最常见的就是"太元"、"凤凰"这类年号砖，其次是吉语砖，就是在砖上模印一些吉祥的句子和词语，比如"万岁不败"、"大吉祥"、"宜子孙"等。由于有铭文的古砖多流行于东汉、两晋、南北朝时期，这个时期战乱迭起，社会动荡。这一时期却又是中国历史上思想文化非常活跃、繁荣的时期，出现了众多的思想家、文学家、艺术家甚至医学方面的专家。这种文化的繁荣也反映到古砖上面。六朝时期的古砖铭文可以说是中国特殊载体文字发展的两大高峰之一，相比于秦汉瓦当文字，六朝砖文更具特色。其一是书体众多，就模印而言，楷、隶、篆诸体皆有，而一些墓葬上的刻画文字，行草书的随意性更加明显；其二是文字变体众多，同一个字往往有多种不同的写法，这种情况

太安二年七月砖砚

砖砚　大吉祥砖造像
宜子孙砖砚
凤凰砖砚

在篆书、隶书、铭文中特别多，而且大量出现"并笔"、"省笔"现象；其三是文字任意夸张变形丰富，自由奔放。砖是方正的，有铭文的截面也是方形或长方形，形式上与在纸上书写并无二致，而瓦当是圆形或半圆形，局限较大，所以六朝砖文的这些特色除了有文化繁荣、思想自由的因素之外，与砖文在形式上受到的约束比瓦当文字少也不无关系，这些特色也是许多金石学家喜爱古砖的主要原因。

对于吉语砖而言，则是时代因素反映到古砖铭文上的另一个烙印，比如"万岁不败"砖。"万岁"这样的铭文大量出现在这个时期的古砖上面。史学界的一种观点认为，自汉武帝之后，"万岁"二字就归皇帝独享了，虽然当时这个"规定"执行起来还没有像宋代以后那么严格，但民间用"万岁"字样的毕竟少了。而这个时期在古砖上却大量出现"万岁"铭文，或许是因为乱世鲜有人过问的缘故吧，抑或这种"出格"也是那个时代"自由"的另一种体现。这种"自由"在历史上被称之为"魏晋风度（骨）"，表现出这样的"风度"的是那些士族阶层，他们思想自由，行为随意，无拘无束。《晋

书·阮籍传》载："籍嫂尝归宁，籍相见与别。或讥之，籍曰：'礼岂为我设邪？'"正因为对传统礼教的不屑，在当时的社会上，"嗑药"与"不贞"成为普遍现象。"嗑药"表现为追求养生玄学，流行炼丹药与食丹药；"不贞"则表现为女子贞节观念的淡薄，婚姻和社会交往较为自由。《晋书·阮籍传附阮咸传》记载，阮咸"素幸姑之婢，姑当归于夫家，初云留婢，既而自从去。时方有客，咸闻之，遽借客马追婢。既及，与婢累骑而还"，甚至《北齐书》上有"迎景献妻赴席，与诸人递寝"这样的记载。表现出"魏晋风度"的士族阶层，也把这种"放浪形骸"的精神带入了死后的世界。大量"万岁"砖的出现或许就是"魏晋风度"的士族阶层把这种"放浪形骸"的精神带入死后世界的一个表现。

曾经用"万岁"砖制过砚，也制过一个摆件，制摆件的那枚"万岁"砖厚6厘米，"岁"字有些残了，但依然大气十足。

砚制得多了，朋友喜欢，散了一些，自己案头也常用。小儿十岁，学书六年，打开始写字起就一直用一方太元十一年的砖砚，用得久了，砚已经很有古意。

玩砖是一种对历史的感怀，制砚则是一种对文化的态度。古砖本是一种建材，敦厚朴茂，方正有加。所以古人制砚，往往依其方正之体，仅制作形制简洁的砚池，与古砖的气息相配合。古人的传统是对"物"的"尊重"，有了这样的"尊重"，所制之器才会有"品"。玩砖之初，就一直关注残砖，大多残砖断体不规则，要制砚就必须把断口处理平整，还其方正，往往是打砚坯的时间比做一方砚的时间还长。其实漫长而耐心的制坯过程，不仅仅是为制砚作准备，也是在考验作者的耐心和态度，如果连做砚坯的耐心都没有，又怎能制出一方好砚呢？尊重这种砖统，也是学到了古人制砚而外的心得。

拓

2012年新年的时候，出于工作的关系，我去采访无锡著名的碑刻艺人黄稚圭先生。临别，先生拿出一张拓片执意送我。那是一张朱砂拓就的拓片，先生说，这是百岁老人苏局仙手书的"福寿"碑拓，碑是他刻的，拓也是他拓的，因是新年，图个吉祥，我就收下了。

老先生送我礼物和我收下先生的礼物，与采访并无关系，因为这是与先生三十年后的重逢。三十年前，我上初中，迷上了篆刻，学习过程中，一直不会拓边款。祖父便领我

万岁砖摆件

去黄稚圭先生家里。黄稚圭的父亲是近代碑刻的代表人物之一，人称"碑刻圣手"的黄怀觉。黄稚圭先生的手艺得自家承，刻碑、拓碑技艺十分精湛。他和祖父是忘年之交。二十世纪八十年代的时候，祖父请他镌刻由无锡书法家书写的关于蠡园的楹联诗文碑十余通，这些碑刻如今还镶嵌在蠡园的碑廊里。三十年前的那天，在黄稚圭先生的家里，先生亲自示范，教我做拓片的方法。

时间再往前推五六年，我在六、七岁的时候，住在市中心的学前街，黄昏时候，祖父常常领我在街边散步。无锡旧时的文庙就在这条街上，那时候文庙的旧址是一所中学，而文庙的旧石刻残件就散落在街边，我们经常会在石头上坐一坐，看夕阳，祖父教我认石刻上的字，"君臣人等到此下马"等，有时也会带上一张纸，一段铅笔头，拓出石碑上的字。当时觉得那是件很好玩的事，后来跟黄稚圭先生学了拓片，才知道拓片不是那样做的，而拓片的历史也很悠久，现存最早的拓片应该是唐代的。清代以来，金石学兴起，拓片也渐渐成为文人的一种玩物。2013嘉德拍出了一幅俞陛云手拓并题写的凤凰三年砖朱拓，这幅拓片是俞陛云向周作人借了凤凰砖作拓的，后来周作人又把拓片转赠给了香港鲍耀明。周作人在给鲍耀明的信中说："俞陛云前所借拓的凤凰砖拓本（方从旧纸堆中找到），曾以见赠，今特转赠，并附平伯说明的信。"拓片也如书画、印章、文玩

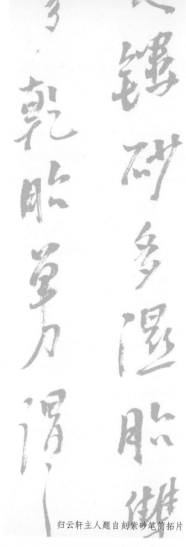

归云轩主人题自刻紫砂笔筒拓片

一样，成为文人之间交流往来的持赠之物。

拓片的可贵之处还在于它既能反映所拓之物的面貌，又能给人以题写的空间，文人们可以在拓片提供的信息和空间里考证、吟咏，或记述，以书画的方式记录下来，与拓片内容相得益彰。2005年的时候，北京某拍卖公司拍卖朱俌、吴昌硕合作的四条屏，其上分别是吴昌硕以建衡二年、黄武元年、宝鼎二年、永安二年砖制成的自用砚拓片，并题写考证文字，再经朱俌补花卉蔬果，集拓片、书法、绘画于一体。由此可见，拓片能提供的，不仅是文人间的交往，更是一种生活的情致。

情致其实就是一个"玩"的过程。学会做拓片之后，印章边款刻好了自己就能拓，刻印十余年，自己也做了印谱。从刻印到作拓再到集印谱，消磨掉的是时光，得到的是身心的愉悦。传统的文人，最拿手的就是这样的"自娱自乐"，清人沈三白有"闲情记趣"的文字，记述种种生活的情致，"扫墓山中，检有岩纹可观之石"，回家以油灰叠石，虽然"经营数日"，费心劳神，但可"神游其中，如登蓬岛"。李谪凡在《闲情偶寄》中，也专辟一章写"行乐"之法，行、立、坐、卧皆有乐趣，凡事"不视为苦，则乐在其中"。

做拓片其实的确是件"苦事"。除去技巧而外，最需要的就是细心和耐心。覆盖在器物上的宣纸，湿水之后，需用特殊的纸轻刷吸干，手轻了，刷不出器物的凹凸，手重了，会把纸刷破，这是细心之处。上墨则需耐心，要等宣纸达到合适的干湿度才能上墨，太湿墨会化开，太干则少了墨韵，而要达到拓片乌黑的效果，上墨往往要好几遍。作拓与刻竹、制砚都一样，需要用心去做。而需要用心去做的，其实也不仅仅是这三件事，与传统文化相关的很多领域，都需要经年累月的养成和积累。写字和画画是最显而易见的，若是没有几年、十几年甚至几十年的积累是不行的，而耐心和细心就是在这样的积累中慢慢养成。看一个人写字画画，一挥而就或寥寥数笔即气象万千，可以见什么画什么，见什么写什么，以书画自娱，其实这样的情致，背后都有多年的积累。所以，中国传统文人的所谓"情致"，实则是苦尽甘来的收获。

这样的收获也在不经意间。2011年中秋，往浙江寻砖访友，宁波一位砖友知我能作拓，嘱我带了工具示范，他也拿出藏砖，让我选中意的品种留拓，其中就有一块汉代买地券。买地券也称为墓莂，是生者为死者在阴间买下一块栖身之所的证明，虽然历代都有，但它起源于东汉。砖友这方地券正是东汉建安八年的，长方形，上面的文字用刻划方式写成，大部分字迹清晰可辨，十分少见。我便以它为示范，做了数张拓片，自己也留下一张珍贵的初拓本。邑人老钱，性情豪放，喜好雅玩，也曾把朋友送他的砖拓转送于我。拓片拓制的是一品47厘米大的巨型古砖砖铭，那是近些年江浙地区出土的最大一品古文字砖，非常难得。此后一年，一次偶然的机会，认识了胡伦光先生，先生长于书法绘画及金石考据，我即持拓请题。在先生的题拓中，他复写了砖文"大壁为郭嘉中子孙坴昌世世富贵"，并以缪篆题下"富施贵仁，和亲，坴昌"，跋文写道：孙立君持砖拓属题，其铭文虽变态仍厚实，结体妥帖，是寓灵巧于素朴者。故其拙出于表面，而内美深发其中，先民之通变能力，不得不服。砖文中的"坴昌"一词现已不用了，也很少有人知道它的意思。先生告诉我，坴是"埭"字，也是"坛"的异体字，意指地平而长，"子孙埭昌"也就是子孙昌荣，绵延不绝的意思。"富施贵仁，和亲，埭昌"的意思是说，富贵之人，要用自己的财富来行善，做仁义之事，子孙才能和睦昌荣，要不是这样，子孙为财富而你争我夺，世世富贵只能是一句空话。收藏这张拓片，既珍藏了师友的情谊，也学到了知识和道理，收获可谓大矣。

胡伦光先生是沧浪书社的执事，二十世纪八十年代在全国书坛就很有名了。在从苏州回无锡近二十年后结识他，也算是和沧浪书社的一种缘分，因为在苏州学习工作的七年间，沧浪书社的总执事华人德先生，一直是我的师长。当时我们几个爱好书法的学生，一起组织了"苏州大学书法社"，华人德先生是我们的指导老师，他在下放苏北时，跟随王能父先生学习书法，又精研汉魏碑刻墓志，形成独特的个人面貌，影响了当时的楷、隶书风。在校期间，他还曾邀请我们几个书法社的骨干到家里做客，谈论书道。1996年，我离开学校回无锡，华人德先生赠小品一幅以为留念：罗雀门庭无俗驾，缘云磴路有归樵。这是陆放翁的两句诗，想来华人德先生也是在那个别人都不学习的年代，跟随长者临池不辍，又甘于寂寞，书道独取蹊径，才有此成就，这也是最值得我学习的地方，所以此幅小品我一直珍藏至今。多年以后的2013年，我在采访"《国山碑》文化论坛"期间，又遇见作为嘉宾与会的华人德先生，先生已是两鬓斑白了。

刻竹、玩砖之后，作拓渐多。作拓、题拓也成为闲时玩物之一。沪上阿唐兄藏砖颇丰，前年曾得黄龙元年残砖一品，

1991年苏州大学图书馆与华人德先生等研读六朝墓志。右三为华人德，右四为作者
1994年在华人德家做客。左一为华人德，左四为作者

而且是这几年所出土的孤品，去他那里时，也供我作拓。那一年，小儿虚龄九岁，喜欢听评书三国。从沪上拓回黄龙元年砖后，教小儿相关历史，那是评书三国中没有的，又题拓一张："小儿珈瑜九岁，每日有暇，则听评话三国，于赤壁一段，百听不厌。今沪上阿唐兄有黄龙元年砖，拓之示儿，彼曰：与我何干。吾曰：汝每日听孙刘破曹之战，殊不知因此一役，仲谋帝业乃成。称帝之时，即改元黄龙。今观此拓，无感慨乎？儿笑不语。"

古人作拓，或碑或石，或铜或陶，或竹或玉，而今年年初的时候，在宏涛兄处见到了各式各样的古代木雕花板。他玩花板多年，清代以来各个时期的木雕花板藏品有不少，圆雕、浮雕、透雕、浅刻各种形式的都有，见到这么多花板不禁萌生以花板作拓的想法。宏涛兄对这个想法极为支持，借出各式花板作拓。花板是中国传统木雕的一种，大多用于房屋美化和家具装饰，而且几乎每一块花板在雕刻内容上都有各种吉祥寓意，这些内容也非常适合用作题跋的内容。于是费时一月有余，做了花板拓片数十张，并选择寓意特别好的，作了题跋。其中一块榉木花板是宏涛千元之资从外地买回来的，上面阴刻缪篆"福禄寿喜"四个字，非常古朴，与送子观音、渊明爱菊、独占鳌头等传统题材的花板相比，显得与众不同。现在的人们，一般会把"福禄寿喜"与"财"并称，以求全福，这块花板上仅"福禄寿喜"四字，是不是表示古人不爱财呢？恐怕不是这样的，古人把福、禄、寿、喜这四福往往看得比单

纯的钱财更为重要，俗话说"钱财易得，顺境难求"即是此意，这反映出了古人的生活观念，对于我们今天的生活也很有借鉴意义，故此作题跋云：福禄寿喜。无财乎？非也，福禄寿喜皆财也，得一而当知足，况兼得乎！若无，独贪财何用。古人云：钱多不如境顺耳。

以花板作拓，不知有没有先例，但为之者寥寥那是肯定的，朋友们都觉得这个想法好，纷纷鼓动配以花板实物，作一展览，我想，若是展览，可题名"花花世界"吧。

落笔之时，正是阳春三月，归云轩窗外的江南，真的是花花世界。繁花之中，有人爱菊，有人爱牡丹，也有人独爱莲花。如佛经上说，"一花一世界，一叶一菩提"，无论喜欢什么，其实都是一种心境，只要适合自己的，就是"顺境"。少年时，偶然见到祖父的一枚石印章，从此开始刻印习字；负笈吴门，闲暇时，同学们都去球场影院，而我与长者呷茗对坐；及长，竹石、砖瓦渐入生活，视别人不屑之物以为珍宝，孜孜独乐。在别人看来，也许觉得这些"玩物"的确是对传统文化的追寻和继承，但如古人所云："后之视今，亦由今之视昔"，就像我们作为旁观者看当年的船山先生写下"屋小刚容我"的诗作，感觉到那是传统文人的生活情致，而于先生本人，可能也仅仅只是随兴咏叹。其实刻竹也好，制砚也罢，还有书印拓片等，这一切也仅仅是追求一种内心的"顺境"而已。

黄稚圭刻拓苏局仙书法"福寿"

孙立／记者

寻古探幽 守岁月静好

文 陈学铭

画了几十年的中国画，看惯了云林的高逸、青藤的狂野、衡山的文静、八大的孤傲……眼底、笔端早已被这些元、明、清的文人们浸养得欲忘尘俗。再加上江南的云蒸霞蔚、黛色烟岚、绿意黄花的熏染，不知不觉间滋养出了我这个所谓文人的一点内敛矜傲之气。

明清家具，尤其是明式文人家具，是明清文人生活的重要组成部分，天然地与传统文人画的审美、画理相应，成为传统文化的象征之一，并已被悄然安置在民族文化的心中。它们带着简洁、劲挺、温润、优雅的线条，高标而气韵生动地缭绕在中国文人的梦里。

2007年初的一天，我与明清家具结下了不解之缘。

当时，家里的书越买越多，原来的书柜已嫌太小，妻子建议添置新书柜。我们逛进了家具店，谁知一下就看中了一对中式书架。虽然当时并不知道这是明式书架的经典款式，但我们都被书架简洁挺拔的线条和十足的书卷气折服，欢天喜地买回了家。不几日，又在一友人家里看到了好几件古家具装点他的客厅、书房。亲切、古雅、似曾相识的气息毫无隔阂地扑面而来，我的眼睛被深深钉住了……原来，古人留存下来的家具经过岁月的洗礼和摩挲，木质

院子是通天地宇宙的窗口，有了交流便有自然的回应。寄畅园的余脉还接壤有住所的前院，它空中延伸的枝蔓复荫着小院，于是乎时序的变化、四季的更替、晨昏的定省也就能从小院的树梢感知和生发，生命感存的幽香在其中飘散开来。……清泉绕阶，白云贮室：这是任何一个文人画家理想的生活。

陈设以明式家具为主，辅以紫砂、瓷器，把玩之器物。再辅以传统绘画为眼，即刻便点起了空间的骨架。低调画面之中自然透露出了一丝艺趣。

隐约的裂纹和表面透出的温润如玉的光泽是能与人共呼吸的，与家具店里的仿制古典家具早已有了天壤之别。

从那开始，我一脚踏上了寻觅古家具之旅。

刚开始，眼睛里满是古家具，并不懂还有明清之分，更不懂还有所谓明式文人家具，结果找回来一大堆顶箱柜、八仙桌之类的晚清民国普通民用家具，放在家里后左看右看不是滋味，第一次尝试失败了。

一向习惯从书里寻求真知的我看着这些并不满意的家具，只能再回头扎进书里。第一本全面认识明清古家具的书出现了——王世襄先生的《明式家具珍赏》。感恩他这一泰斗式的老先生指点了我的迷津。直到现在这本书还伫立在我书柜的重要位置，作为我人生的坐标提醒我、激励我。

接下来就是钻进市场实战。去的最多的是"地皮"，其次是古玩市场、收藏者家里。苏、锡、常、沪几乎被我跑遍，几年里身魂都在那些破破旧旧的古家具中游弋、穿梭，只为享受它们在我手里旧貌变新颜的欢愉。我一次次随着友人面包车轮毂的滚动痕迹出征，既兴奋又忐忑，犹如打仗，知道又一次不平静的结果会出现，却偏偏对这种不可预料、酸甜苦辣的过程像着了魔，或喜，或忧，或悲，或空……跌宕起伏、纠缠复杂的心理直到现在回忆起来还会不时泛起波澜，甚至久久不能平静。

几年的求索是眼光与识能历练的过程，也是心力增强的过程。"开门"、"打眼"、"叉帮车"等圈内的行话也会不时从嘴里蹦出来。与各卖主打交道有时还要提防对方"埋地雷"，一不小心就会"踩雷"（所谓"地雷"就是假的或拼装的古家具）。现在的制假工艺连行家里手都很难识别，要从这种尔虞我诈的不平与心计中挣脱开来，没有火眼金睛和平稳的心态就太难了。每次还要从一大堆破旧家具中"钓"出真正的明式家具，真是要靠狠辣的眼光才能办到。当然想淘到好家具，我让自己既要摒除"捡漏"心理，保持平和清净，又不能贪便宜不肯出价。要拨开乌云见日光，好东西往往是隐藏很深的。多年的辗转奔波，那些我颇为得意的收藏使我忘记了"吃药"的痛苦尴尬和旅途劳累，而乐此不疲。像门厅前的翘头案、书房的亮格柜、霸王枨、灯挂椅、南官帽……每一件都有一个"众里寻她千百度"的故事，回味起来意趣十足，放在家里百看不厌，不时引来一众好友共同欣赏探讨，家里也因此常常谈笑风生。在这过程中，我渐渐形成自己的见解。

为什么要玩明式家具呢？重要一点，它是明朝文人画家参与了家具的设计制作，是他们案头画作审美的延伸。明朝多以文人画见长，文人画讲求简逸、书卷、空灵。在家具中也就有了长足的反映，简逸而不简单。

一个传统文化研习者的家中不一定要旧味满室，同样可以透露出生活化、清新的气息，关键是要找到其中的真趣。一丛一簇的摆放和使用中自然体现出主人的视野与情趣。

几根线条的组合，却把空间分割得完美和高逸，宁静中有气韵的流动。一件好的家具能把素墙和地面都纳入它摄受的范围，变成一个整体，一种有机的组合。空间和器物是融合、互映的关系，人在其中也是清净而生动的。它包容你，又警醒你。抵制你不良的习惯，比如懒散的坐姿、疲沓的仪态，甚至是品格，要你高洁而内敛，它是约束你的。不像现在好多家具不以人为本，要么是让人越坐越懒的沙发；要么是光能看不能坐、只有在审美空间中展示的家具，却把"人"这一主体拒之门外有什么意思？

既然是古代家具，时间的摩挲也很重要。古旧，让人心远和安静，那些家具上人工打造的生硬痕迹早已褪去，接受了几百年大自然的阴晴干湿的浸润和好几代人的摩擦使用，也早已储存了丰厚的人之悲欢离合、月之阴晴圆缺的宇宙信息，它已不再是简简单单的无生命力的物件，而是具有见、闻、觉、知，与你有感有通的器物。深邃、沉静、幽然的本体颜色与自然的神光交融，具有了灵性的

"物"的赏玩是以人的感受为主，不必一味求多。一尊石，一束光，定神细思，便能有置身方外，超脱遐想之感。

岁月化生

闪耀，呼之欲出，又隐现其中；斑斑驳驳、不可捉摸；有风云际会、又有淡定从容，历历故事、大隐其胸，让你永远只能与之神会而不可言说。"岁月"是它递上的名片，你只有宽容与谦卑才能接得住。它看似是你的，却又不是你的。你是它的过客，它是你的永恒。你最终带走的只能是美的记忆和曾经的风采。只有用人性中最温暖的一缕阳光与之对接时，才能读懂它最丰厚的价值——没有了它和你，只有天地的宽仁和永恒。

好多年前一位朋友来我家，坐在画室里不经意地问我："你为什么喜欢老家具？"当时，晌午的阳光正好照射在我面前一个老柜子的门板上，褐黄里透出绛紫的木纹，暗藏着沙砾般的金银色，星星点点的闪耀着，岁月在木质年轮的纹理上打下一圈圈清晰或模糊的光晕，发出熠熠的温暖光芒，竟神秘如宇宙之玄光，让人迷幻得不可捉摸，真是妙色庄严！当时的时空一下静止了，只有带给你慈悲和安详的笼罩，没有喜没有忧，只有物我一如。我不假思索地答道："就像老外婆的眼光不时能慈祥注视着你，护佑着你！我能不爱吗？"朋友哈哈笑说我真是太煽情。我们传统文化的沉淀体现在物件上，确实像老祖宗的眼睛，关怀、镇定、大慈，时时护佑着你，你能不为之动容吗？

我收玩的大多是苏作榉木家具。它们没有紫檀的富贵、红木的冷傲。看上去质朴安静、温润舒展、内敛文秀、亲切自然，如同窗，如兄弟，又如姐妹。那清澈、多变、神奇的木质纹理，一层层竖看像北宋荆浩、关全耸峙虚空中的云山；横着看的水波纹，又像马远画面上天际接壤中似有若无的云水潺潺……

黄花梨家具我曾经想过，现在已彻底不想了。高标的世事眼光只注重它木质稀缺等金钱的价值，却失去了对高格的审美信任和安静的享受。假如我过多牵涉这一材质的命题，似乎会勒紧你的呼吸，锁死你的判断，这都违背了我向往闲适低调的初衷。黄花梨家具确实是好的，它木质更细腻温润、颜色更神秘、木纹更丰富，似乎也更显高贵。但从审美价值上讲若与榉木家具拉开了百倍、千倍的距离，只能说有失公允。好的器物，它本身的价值判断不能过多牵扯从商者投机心理的驱使与挟持！其实能有多少人真正看懂呢？不都是人云亦云吗？社会有从众心理，这要警惕！再说好多黄花梨家具就器形来讲，以文人审美的标准也不是都好看的，只是当时木材名贵，匠人多用心而已。可匠人也有南北、高低之分啊！往往好多榉木家具的器形并不输于黄花梨家具。因为江南多榉木，木质木纹都适合做家具，本是明式家具的发源地，南方人做家具往往就地取材。而黄花梨家具的出现肯定要比榉木家具晚些，成熟也应该晚得多。

其实，几年前对于明式家具的认知，市场也很不成熟，只是微微有些端倪，也正是这种不成熟给予了我大量的寻求空间。很多人一旦认识到这 艺术品的价值能变作商业价值，那利欲熏心也就伴随而来，再要寻得一件可心的家具就已不仅仅是费心费力的事了。几年下来，随着古家具价格的节节攀升，要在商业利益的包围圈里抵御、辨识、同它斗智斗勇，太过耗费心神。舞文弄墨的我终于意识到要跳开来保持真我不被污染，只有继续在书画笔墨中寻求，我适时选择了放下。

家具的收藏已翻过我人生历程重要的一页，只有些余温透过现在书写的字里行间传递到如今生活的篇章中。对明式家具气息把握天生的敏感，使我心里驻着它悠然、玄黄的底色。这是一种交汇后融入我生活，激发我热爱生命的底色，它淡远、斑斓、留香……我用明式家具装点生活，被包裹其中，让我能真正呼吸到传统文化留下的书文之气，摆正我跳动的脉搏，真正接得上老祖宗传给我光正的遗韵。那曾经的疯狂、迷恋，已遁形于通过各种渠道寻觅来的老家具中，似有若无的置身于我生活空间的各个角落，或匍、或立、或坐、或卧，不经意间眼光和手的触摸，可以撩起我内心的波澜。那四五年的心路历程，是甜，是苦，是明，是暗，是纠结，还是牵扯，终将熨平，最终变成回忆。

如果文人家具只是整个传统文化中的一小部分的话，那中国的园林就承载了中国文化太多的核心内容。几十年山水画的滋养已将我的血脉与中国传统文人融汇在一起，那些画中才能呈现的古代文人雅士的生活谁不向往呢？想不到六年前的一次搬家，我找到了真正意义上属于自己的家，机缘巧合兼得了这种园林生活并享受着它。

六年前一个偶然的机会，经友推荐有一处带小院的房屋可能适合我。我当时一看房屋比较老旧，前院和后天井也是水泥地，破墙、老铁门，没味，但它就在惠山脚下，又在举世闻名的寄畅园边上，一墙之隔的几步之遥就是

惠山禅寺，朝　　能闻古寺钟声、夜可听二泉流水、我知道它能给我改建的空间太大了，当时二话没说便买下了！我内心知道这种得天地之气、又在城市之中的老屋太难得了！如今在现代城市中能觅得一处有院落的房子，哪怕是日式的小坪庭或苏式的所谓"蟹眼"天井的房子，已是非常奢侈的事情了。更何况这所房子还有"前庭后院"——我自得意命名的，其实它完全名不副实，因为太窄小了，前后院落加起来可能才几十平方，但我相信院子的大小其实是靠其中物件的对比呈现出来的。

寄畅园近五百年的文心与自然的交融，已于每个人心中固化了作为经典园林的概念，它是锡城一代又一代人精神的后花园。因与寄畅园仅一墙之隔。上有烟岚气韵的浸染，下有八音涧泉眼地脉的相接。我决定把前院打造成古园文心与野致的延伸，那后院因为有茶室的相伴，就得做得相当文气、静雅，更多采纳日式庭院的风格。

因为有了这一想法，所以要采撷作为制作小院的元素也就相当不易了。

为了前院，一二年中与妻跑遍了山上山下。当时就用自行车驮着拾来的本地黄石来铺路、砌池、垒山，外加淘来的太湖石。院墙边的竹子也是山上挖来的，散淡、潇洒，让小院充满野逸之气。每年新竹长成，它婆娑的落落清影洒在白墙与窗格上，使人心神清逸、游畅。靠着水池边种了一棵青枫，初春时新芽绽放，酒红色纷披离离的一大片映衬着白墙，似乎是在欢呼生命的绚烂和辉煌，犹如素绢上绣着的妍雅落红。为了增加院子的古意，我用薜荔爬满了围墙，用蕨类镶嵌在石缝中。门也换了老木门。东面倚山墙植了一株凌霄，五年的成长，已老气横秋，植株也已臂腕粗了。每当盛夏，橘红色一串串怒放的花朵从山墙上披下、摇曳开来时，你感受到了生命的热情与奔放，你不会感觉到夏的炎热，反而在这种欣欣向荣中有了凌云般的清凉。每次外出，总是一有好石或石构件就带回装点院子并加以调整，所以到现在院子似乎还是未完成的作品。它伴随着我的审美的提高和平时从外找到的树木和花卉等元素的增加而改变，也就与我的生命一起成长着。虽辛苦，却有了大乐趣。如今的前院经过几年的打理和春夏秋冬的四时轮回，已相当苍老了，每次有新朋来总会说这个老院子真好，我说才五年的光景，已焕然不同。

后院空间虽狭窄，又有一堵约3米高的老墙，可正好把它当作一张巨大的宣纸铺开在天地间，种下错落有致的十几杆紫竹舒展翠微，每当轻风拂叶，窸窣有声、碎影迷迭时，如阆苑之仙风，可心意缭绕；竹下静卧着形态不一的太湖石；青砖铺设的地面取代日式的沙砾；苔痕斑驳，爬满院子的角角落落。明朝的缠枝莲纹花坛石护栏，多了书卷文心；元朝的石经幢，更增添了佛心禅意。佛心与文心的交融，使院子似乎蒸腾着祥云瑞气。在经幢前再着一老石槽，蓄满一汪清水，如镜面般清冽，随风悠荡，让人联想到山野清泉，可时时洗涤你胸中的凡尘。那不经意的飘叶，零星布着在青青苔藓上时，有"落座小院无四时，一叶疏黄知劲秋"的感动。

当院子打理得渐入佳境时，不光自觉适宜，就连小动物也来光顾了。

有一年，有一只可爱的小松鼠成为我家后院的常客。每天，它会等着我拉开窗帘打开移门，为它准备瓜子花生等美味佳肴。小家伙喜欢收藏食物，给它准备的一堆食物，它总能在最快的时间里塞满嘴巴，当嘴巴被撑得鼓鼓囊囊后，它便会一溜烟跑回它附近

惠山余脉下的小园。几十平方米的前后院落坐落在闹市之中，却营造了连鸟儿都被吸引落驻的野逸之气。

的家，放下食物再来讨要，`给多少要多少。这么有来有去欢快的交流从夏到秋，给我每天的生活增添了很多乐趣。

三年前有一对白头翁夫妻来到后院的竹枝上做巢孵蛋，三只小鸟相继破壳而出，父母们从喂养到教它们展翅飞翔的二十多天里组成了一幕幕感人至深的画面。如今年年有白头翁来前后院筑巢，它们也许真的认为这里安全的。我也在它们从哺育下一代，每天飞进飞出的光景中体味到做父母真正的辛劳。父母们只有在孵蛋的时间是居住在巢里的，当小鸟破壳后，也许巢太小了，它们就在周围树木的高枝上度过一天天。当天还蒙蒙亮时，父母们已在轮番寻食喂儿女，随着小鸟的日益长大，喂食的频率明显加快，辛苦与危险也就增加了。为了安全，每次衔东西飞进鸟巢前，总要墙上、屋檐、树枝上跳上跳下，来来去去几次，为了迷惑周围有可能对鸟巢引起注意的猫和松鼠、甚至包括人。所以每次我都躲得远远地观察，不让它们过多的担

惊受怕。它们的巢中是非常干净的，就连鸟巢外的地面上都没有一星点粪便，应该也是为不让周围的人或动物注意这儿有个鸟巢。可想而知，父母们每次衔来食物的同时还要把巢中小鸟的粪便衔走。这么细心的照料和生存智慧真让我由衷感叹啊！

院子是通天地宇宙的窗口，有了交流便有自然地回应。寄畅园的余脉还接壤着我住所的前院，它空中延伸的枝蔓复荫着小院，于是乎时序的变化、四季的更替、晨昏的定省也就能从小院的树梢感知和生发，生命感存的幽香在其中飘散开来。"清泉绕阶，白云贮室"这是任何一个文人画家理想的生活。寄畅园的山岚水气一直能飘到我的窗口和阳台，而八音涧的淙淙的流水声也能在寂静的夜里传到我的画室！它满园的绿云湿润我的院落、白墙，又能浸润我心里。我每时每刻能飘荡开来，无拘无束的乘风归去。这是怎样的大自在呢！寄畅园是我住处的大背景，要理解它的灵性与体魂，我又必须走出来，

半亩方塘一鉴开

天光云影共徘徊

问渠那得清如许

为有源头活水来

——朱熹

进入我心灵的院落中，作为映射和杠杆，才能稍许读懂它作为古老园林经典作品中的一页。

如今的我因为有了院子，会有时不时不期的惊喜出现，人变得越来越安静了，不再向外希求。家中的小院让我可以驻足呼吸，院外的大园又随时可闲庭信步。每年我外出远足的步履明显少了。有好友说，我是从收一件古家具开始，收到了一座紧邻寄畅园连乾隆皇帝都神往的房子，真是天公作美，神奇啊！话虽夸张，事实又何尝不是如此呢！也许，这就是自身向往与能量的积蓄到一定阶段，时机成熟的自然呈现吧。

陈学铭／画家

蓝的绿的灰色

文 薛雷奇

蓝色，抬头看天天是蓝色的。但如果抬头看天的时间不够长久，就不能明白天并非总是蓝色，蓝色可能只是天的一种常见的情绪。天也会是灰色、火烧红色、黑色，或是绿色，不同的颜色映出不同的情绪。天空可能就像卷大画轴，低眉的心底藏着各种情绪的漩涡。而阁下，我们凝视着她时，她也在凝视着我们。这么浪漫的解答可能不该让某些人听见，如果你对他们诉说天空的多种色彩，他可能会对你着迷的事情做出如下解答：天其实没有色彩，天的色彩只是阳光与地球的夹角再有云中灰尘、小水珠的密度与宽度的混合作用分解了日光，折射出了颜色。我的一位物理学朋友就是这么对我说的。然而紧接着他又说，颜色根本不存在，存在的只是"频率"。不同的颜色只是不同波长的电磁波，对色彩的辨认只是我们肉眼受频率刺激的一种视觉神经发生的感觉，能让一个物理学家说回到感知，我认为他是同意我的。

正题是，到了这页关于切实的江南生活大概别人已说了许多，所谓喝茶、收藏、为书为画等。但我年少，长久浸淫的经验可说

不足，这样已成形体的事恐怕无甚资格说。在我这里，所能说的恐怕只是一种与悠远暗合的直觉所在。木心曾说人类的艺术的公式是直觉—概念—观念；《诗经》们唯直觉，唐宋明清重概念，完全是人类的童年、少年、青年时期的艺术——这么说吧，我认为人类的童年，即是每个人的童年。亦即，每个人都能借由自己的童年来与艺术史上的先哲合拍，由三言或至二拍。所以我想讲讲模糊的，也就是从人类不自知的童年时代而来的东西。

我出生在江南，我喜爱它并不只单纯因为我在这里经历了时光。所谓故乡之称更来源于你对其的状态——再进一步说应该是你年幼无知时，不带任何目的也能安然迷途，闲逛走过的一个地方。它们与你一同走过了那样傻乎乎的状态，倒也无关发生的事是好是坏是何时。按照这个概念说，那个临江的小城确实称得上故乡这个名字的。

无知不能说是好的，但在年少时期有权无知，也有权傻乎乎。童年时期的犯傻就像屈原大夫，不获爱者信任便可悲夫天地皆醉，吾香草美人，望洋兴叹。而同样站在江边长望感叹这种事，我因为距离这样发傻的状态还未太远，所以便留存着一些模糊的印象。关于水汽的情况是这样的：某日我还是个穿着圆滚的幼儿，关于视线的记忆大多只是大人的腰，第一次见到长江，耳边哗哗直响，脑子里没有多余的想法，只想起每次陪伴入睡的遥远处汽笛声。于是激动地跳脚，张开面目，饱吸着一口口湿润的江风，脑子里尽是隆隆的回荡。在这儿的夜里笛声从眼前的浑流滚滚中升起，裹着江风折射着直达天际云层，再凭借着城市巨大雾气的搭桥轻易地穿透了空气；声浪缓缓地在一座座楼房上空飞行，只是其中一浪到达了我的窗口，其余的便层层叠叠地送进了枕里。而白天的江边是一些小块的黄色岩石与滩涂，灰头土脸盛况不见，你走到残留着潮水的石窝边，只会

发现螃蟹和他们褪下的数个破泥烂衫的软壳。爬到一些一人多高的巨石上，你可以看到大人们在下方各行其是，而我只管体会江风吹在脸上——那是一种"威猛"的感觉。是平息了夜晚轰动后的余震与蓄势，即使不在江中也能受到层层余波震荡，但决不像海，那是一种没有咸味，阳光也不暴晒，混着江南阴郁气的单纯属于风和水的威猛。

然后是留在家中的许多日，大概是一些片段。在各个情景下，窗上一阵水雾和几粒雨珠的先遣，而紧接着哗啦啦淋漓的雨便下来了。其实在雨未下之前是可以嗅出水气的，如果你在室外的话。这种能力与单个的鼻腔器官并不挂钩，更像是需要调动全身感官的一种联动反应，而我已经在这方面不吝自夸了。常常是一阵风吹来，依次拂过手臂脸颊眼睛与嘴唇。我就好像身形一定，眉目稍稍皱一皱，张口就道"要落雨了"！也不管别人什么反应（通常是别人唯我的反应是瞻），不一会儿风准加大，天色准变。我作为人工预报台的时候就是这样的。雨未来时人们总是紧赶奔走着躲雨，等到雨下起来，人们却大多是站在屋檐下张望，也不知是在看什么。大伯伯家曾经有个天井摆些花草，雨是直接下到屋里，我在里屋的藤椅上，观望着雨像浪一样平地而起，激荡密集，打出烟雨的烟花来，最后雾气散在屋子的各个角落，归于平静。后来大伯把那块天井用玻璃封住，似乎是嫌那块地太湿，但几个月后那块土地却变得异常干燥，地皮卷起来像爆开了花，小虫也全爬了出来，最后只好连带着把那块土地也铺平满上了水泥。

我所知道的唯一不怕太湿的方法就是把那小天井扩大，再扩大，最后变成一座小小的园子，或是园林。我总暗自揣度古人造园的目的和我一样是执着于有个屋内的窗外可以观雨。但如果不凑巧久旱，那进了园子只会觉得一切干巴巴。小时候郊游去园子，似乎是旱了一阵，乍一看石枯木燥，太湖石像被随意抛洒一地不成形势，池子干瘦，树叶都是PM2.5的灰样子，屋子更像刷了一层灰浆。虽然丰富，但肃穆之情更重，鲜见生气。但不一会，我凭着对雨的嗅觉躲进了一屋子，再出来时则一切都不同了。夏天的骤雨不是很大的，一会儿就只剩零星。跟着生鲜的水汽逛出去，脑子里就只剩下了一个想法——是雨，唯雨水的关键参与才能使园子显现神采！山石们似乎较之前多了一股凝聚出形势的气，本来乍看下的灰平此时显现出了高矮嶙峋，或有丝毫晶玉点缀，洗涤灰尘眼光流转神情毕露。石上的肌肤首先醒来，苔藓们舒展开身体，绿得像染了油，它们张开双臂，像毛孔一样接下水珠，消化成更小的水颗粒置于它们足下，石头蕴含起来。在这个时候不像是水落在了石头上，倒像石头成了一个凝聚。池水叮叮咚咚，树叶新绿，生根似的和本体、土地结成一气；回望屋子，更像一瞬间改头换面，黑的更黑，白的透气，水滴裹着灵气，恨不得住进去才好。这种变化像是一双沉睡的眼睛忽然醒了，且神气充沛。而在这其中，雨是最重要的。雨似乎是一件可以把这些融合起来，并保有每一个参与者锋芒的点睛之笔。曾有云曰："石为云根"，若是如此，大可紧接着往下推论，云为雨巢，雨落聚于石之下，显露灵气，顷刻便是"云根之根"了；本来便是满园子的雨气通通暗度陈仓地聚在了石下，然后是受到了上方同类的召唤，在石上沁出，你来我往，或成为石纹，或为云篆。在这里看，石的确又成了云之根，无根之水之根。看似无意的石象下生机被唤醒，天水驱使，生发出源源不绝的神采。不空不滞，恰似天真。没有雨的园是无生气的，吴人说一件事物让人激赏会说"灵"，没有这个"灵"的评语那终究只是一场无根之象；而反之，承蒙了雨之眷顾后的园子就可说是"显灵"之象。枯槁的形色被唤醒了灵气，像是留存了千年的莲子，雨后便要生发出可爱。

在园子里乱钻是舒心的。虽然园子里生机盎然，但那些蛇虫狸鼠似乎并不在此安家，像有个什么在为此维持。小孩子不怕脏，玩起来更不会在意什么他人目光，要是说没在里面迷路，简直没人信。园子这样的地方，太精巧、太丰富，山水石泉，匾额刻迹，连地上的石砖也有趣至极。对于一个半大小孩儿来说，纵横的砖就是大道，缀出的柔枝就是伸手可握的手掌，这样一个地方，是终于可以让人放心迷路的地方。后来再回望来看，才体会得到主人造园的起始便是这样。他愿意你到处闲逛，在里面胡走一通，看似不知身在何处但下一刻按图索骥地踏着青砖便能被引导回去。在这里的迷路和深宫秘苑中的迷途是绝对不同的，这是一种与森严毫无瓜葛，优哉游哉的迷走。砖瓦潭水，人自然地在里面放下了防备，水雾蒙上脸颊，舒展开了那些蜷缩起就就业业的自我。目标明确的事在这是放弃的，你所要做的，或者就是放松你警惕，让园子松动一下你些许僵化的五感，然后像一场声波或是江上的船号一样放射，把感官弥漫、抛洒在这座尘外庐里。此时要是闭上了眼睛，感官中的园子就会变成江心的船，在感觉沦入黑色的空无后，四处却熠熠闪耀起星星点点的幽光；那便是你汲饱露水的神识。

下一次再深刻体会这水雾，大概已成了个叛逆小子了。在此之后很长一段时间着迷于显著的夜色，幽暗城市中那些孤独的闪光，凌晨后的漫游。带有目的的闲逛似乎已变得可耻——并不因为漫游能给你带来什么，一切都是乘兴而来败兴而归。王徽之或许就住在我的隔壁，在躺下后无法入睡便按捺不住着衣爬起，或许除了访友，也想在那静谧深夜收获一船凉寂，我也是一样的。但只因为你想去做而不是为了得到结果，在人群中你便成了逆向孤独的潮水。孤独不能说是错的，

佛家清寂，道家清净，或许儒家强调着人与人间的和睦忍让，但是这同时也让人品出人人相亲时的妨碍。事实上，作为圣人，儒家同样给出了超乎寻常孤独的标准，而在列国奔走的孔夫子心中，或许也在品味着逝者如斯的孤独。实际上每个人都需要它，它也与生俱来，若你想行使一件大多数人不能理解的事时，只有孤独能将你越发坚定。在怀胎十月的孤独中我们成就肉身，凝聚意识，每一次梦中的醒来都是在确认孤独的这一事实。喧闹是扰心的，鼓励是喧宾夺主，只有孤独才是你能够舒展神识之所，提供你看待世情如初的基点。孤独作为一种必需品，甚或一种美，它是存在的。

现在已是凌晨三点，伴随着街墙的是一盏盏赤黄色的灯光，我就像是一只蚜虫走在布满碱片的糖尿病人的尿壶里。街道已经额迹斑斑，眼里的光线被迫分成了黄色蓝色；深邃的黑成了迷人的蓝。早两年喜欢过一支英国的乐队，最喜欢的是在浓雾弥漫的夜里听它。不是在自然清静之所，而是在喧嚣落后的城市街道上，且曾越繁华的地方越合心。这样的场景让我昏昏然，身在曹营心在汉，享受着在方内感受方外的矛盾之美。在太熟悉的街上独自迷走不会迷路，就像过去已经倾颓但我们仍可遥想，就像此刻我在笔端细细描绘这可会遗忘的梦。我们已在它的后现代。所以试图向一个方向直走。灯光和阴影抑扬顿挫着，我气息绵绵，一些画面涌入视感变成线性。宁静地疾走，掠过的顿挫让人无暇顾及；最慢最慢地走，观察着自己心内的奢望、起伏，跟着工业社会的巨响和雾气把观望放射到整个城市……一层一层地剥离它，像是笔直空荡的建筑，行进在其中。感受着它偶尔出现的一阵窸窸窣窣，几篇低语，大楼拉伸时像鲸一般的鸣声；突兀冒出的几声哐当，一连串长而连到天边的犬吠。心涛绵绵涌动，观察着那感受着它们的自己，观

察着那个人情绪的跌宕，聆听最细微处的声音——因为机械般地摆动衣物间悬而未落的摩擦，话语末尾的咽声，像是朝城市的夜空示威般的机械轰鸣，扯开夜幕的叫嚣……最后一切声音烟消云散，空荡的余韵，一阵由内而外的颤抖和长久心悸的波动。

直到你在这个总是湿润夜冷的城市中走了够久，水雾已在空气之中裹上面来，透过织物的间隙，钻进你的身体每一处褶皱，肌肤的热度被抽干。所谓江南的寒冷即是这种冷。实际上这种冷的温度并没有多低的，只是夹杂着的水雾总会着迷于见缝插针地抢夺你的体温。与前面说的一样，这是单纯属于风和水的威猛。最好是敞开心胸怀抱它，跟身体一道感受它的威力，与它一道感受身体的温暖；尽快寒冷起来——毕竟，它怎么能从与它一般冷的身体中掠夺温暖呢？

漫步近末时曾有一些摩托从身边风驰电掣过，车主多有更冰冷的穿着。听着由远及近的声音，这让我想起了前些天《知日》杂志上的暴走族专栏。直到他们在我前面停下我才想通，原来是他们的声响与小时候听到江号相似。无论是江中的船号还是机车的轰鸣，声音从很远的地方到来了，还带着水汽，以及铺面的风，这就够了。知日的那几篇文章里面强调飞车族是可爱的，只是孩子，一股青春期的叛逆冲动驱使，并不会真的作恶，顶多只是恶作剧。在前两天的《一步之遥》里面我又看到，姜文理直气壮地说他还是个孩子，并且孩子是不分男女老幼的。不管如何，我搭车时他人是答应的。他开动时一声不吭，没想跟我多说一句，其实多说一句便打破了这样的情境；车咆哮起来时他全身绷紧一丝不动。有这样的热心和专注，我不能简单说他们便是个坏人。在这样工业时代的合金机械猛兽的驮负中，我却回想起驱赶车马阮籍的身影，一定是他僵硬持鞭的身形与身前的这个不知名发生了重叠。后视镜中街道乏味

的灯光映亮了他的眼睛；绷紧的上衣里裹着爆发的灵魂，耳边的马车车轮滚滚如雷，仿佛在向着城市的边缘打转，往没有目的地的地方穷追猛舍。直到他驾的整个车体因为损伤颠簸摇晃起来，所有的马都直吐白沫，缰绳烧着手里的血痕；通畅的道路已近荒芜，两旁的人家早已不见，枯坟野冢就要在前方没有灯光的地方穷途。而他嘴唇翕动，脸上抖动，就要在下一刻狂歌当哭。

阵痛与喜悦，跗骨之疽般的寒冻，雷动的轰鸣，空无的街道……水汽对你进行了剥离，浓密如蒸汽一般的包围又激励着你去冲破，撺掇你把感官送到再远再远的地方去。观察让你保留了一丝冷静去探求自身情绪的边缘和层叠反复的遗迹，在滑向灵魂的死寂前你抓住了仅余的内心。时间也在这里反复跌宕，人的心意与方内方外，碰撞弭于时间。所以我反复描述，回想着那些总是模糊的片段，延伸我的神识，试图在这个此刻初醒的回忆里嗅出一点点梦中的面目。在时间这座摩登大楼中，每一层都有人探出窗子向外，向上向下张望，试图看透这当下一个世纪的迷雾，朝着层层叠叠处投射自己孤独的船号。每一个狂歌当哭的人都是敏感真诚的，而对于敏感的内心则需要更敏感的声光影像来慰藉，这是多么的可遇不可求啊。所以不断远离，冲破，到达与喧嚣刺激最无缘的寂寞之所。榫间的灰尘，兰亭的盛会，城市凌晨的巨大回响，园中回应草木的清唱。他们共同弱化成了荒芜的氛围，滑向郊外湿润的意识里。在那里，他们超越了内心悲凉的死寂，真正实现了自然而然的潜能。在那里，他们共坐着等待浓雾中下一个暗红色的黎明。

薛雷奇／设计师

石／蒲

文

王大濛

石蒲同气，钟灵毓秀。

美人石

寄畅园有一块"美人石"，高丈余，因形似美人而得名。

美人石非形似美人，而是得美人之韵。古人对美的认识不在像不像上考究，是要在神韵上得到满足。所以，古人赏石类似西方人解读抽象绘画，观其意。

今人赏石观画均在形似上用功，神韵全无，梦境尽失。

寄畅园美人石之抽象美人，亭亭玉立，细细的腰与修长的身躯，谦恭而立，这种体态最能体现文雅端庄之美。如今的美女挺胸翘臀，生怕人家看不到他的女人味。

在过去，中国美人与西方美人在姿态上的差异，即能看出民族文化的不同。中国美人是往前倾的（在历代的仕女画中都能见到这种体态），西方美人是往前挺的。所以，在古代，体态是展示文化了的体态。

寄畅园美人石即是象征文人对美人的审美主张。

朱跃兄送我一块细长英石，竖起来一摆，形、韵极似寄畅园中的美人石，用来植蒲是一美事。

于石根处钻孔三面，孔洞里三面均通，

不同方向均见蒲为之立体的植法,蒲朝下石势往上,得幽雅于婀娜之中,观韵致于整体之间。

"美人"石楚楚动人。清代哥窑大开片小盆作盆托,高贵典雅,暖色温和与石、蒲、苔冷色搭配显出古雅。

乾隆皇帝迷恋美人石,数度游寄畅园赏石观韵,并为其作诗写图。其诗跋云:寄畅园中一峰介然独立,旧名美人石,以其弗称因易之曰:介如峰。而系以诗且为之图即书其上。丁丑二月御笔。乾隆是皇帝,统治国民、江山。在他的眼里美人石也要具丈夫气,这是皇上的"眼"。文人就不同,风花雪月,杨柳岸晓风残月,他们是注重一个"情"字。

尽管如此,美人石还是她原来的名字,从古到今称习惯了,在文化的意义上皇帝与文人是平等的。

野趣

菖蒲生长在自然环境中,它的周围有岩石,静静的水流,微微的清风,岩壁坡石上生长树木、花草、清竹等,这番景象构成了一派清味十足的野趣。

找到一块拳石,黄石石质细纹密布,在黄石中如此皱的风化层石皮不多见,若黄鹤山樵的披麻皴法。黄石极富野性,非昆石可比。在众多的石品中黄石之朴素野趣,太湖石文秀雅致,昆石之高贵素静,灵璧之金声沉古,英石之奇幻坚质,宣石之白糯浑润各有各的品质,也都能与菖蒲为伴。

植蒲如要得之野趣黄石是优选。黄石的肌理质感比之太湖石缺少漏、透,但它具皱、瘦。它的拙朴坚致的团块形古朴永恒。

苏州园林堆的假山主要是太湖石与黄石,前者秀后者朴,各有各的韵味。梁溪下河塘边有一处园林称"潜庐",园中纯粹以黄石堆叠,古朴宁静。园虽小然曲径通幽,黄石假山看似拙朴内里藏巧,越品越有味。

洞边有仙灵
九节碧如玉
偶就山人居
清贵两无敌
—认宝

寄畅园中美人石

以拳石黄石植蒲立意在朴，欲得自然野趣。于石根处凿孔洞露九节时养一载，蒲根与黄石扎牢似天然一般。

各种石质植蒲各得各的意境，并非一定要以昆石配菖蒲为最佳选择。

置蒲

准备好打孔的电动工具，选择心意的卵石就可以开工了。钻头有粗细若干种，选择与石匹配的大小，此电动枪钻在钻头的上部接通细小的进水管，水管通至小桶中的潜水泵。在钻孔的同时，水从钻头中流出来，既防止灰尘又使钻头锋利地切入石层。

亲自动手制作的快乐，是参与享受过程的快乐。如同京剧发烧友，欣赏的同时自己也要哼上几句，甚至自己组织土班子、化妆、穿戏服若有其事地上台演唱。

当然技术也有一个熟练的过程，也需要下点功夫。如果要达到一流的艺术水准，肯定是一流的工匠水准，才能呈献

一流的艺术。就比如黄宾虹的画，笔墨工夫绝对是一流的。不可能一流的艺术二流的技术。西人方称艺术大师都称之为"巨匠"，可见技术的重要。

当然制作菖蒲盆与"巨匠"比是小巫见大巫了。

卵石钻孔先要确定位置，所谓"经营位置"是要分析菖蒲本身的构造，根部有九节，九节下有根须，九节前端与节端长蒲叶，生长的形态与未来长势的走向，都要在设计的考虑范围之内。另外，还要考虑选择何种蒲，金钱蒲圆球形的，虎须细密放射形的，银边蒲直立形的等，人工的修剪后形态也会有很大变化。

卵石的形状大多为圆形对称形，因此，要求所植之蒲破其对称。

西方人在美术上求黄金分割法，中国人是求"心里的尺寸"。认为心里的尺寸准确了，舒服了一定就符合美的法则。所以西方人的艺术是理性的、数学的，中国人对待艺术是感觉的、直觉的。

从大处说，卵石与蒲的结合种植最后要体现情趣与味道乃至境界。因此一切技巧之努力的结果还是落实到"表意"上来。

王大濛／副教授、画家

江南深读

话吴

千里莺啼绿映红，水村山郭酒旗风。
南朝四百八十寺，多少楼台烟雨中。
——《江南春》杜牧

长天接广泽，二气共含秋。
举目无平地，何心恋直钩。
孤钟鸣大岸，片月落中流。
却忆鸱夷子，当时此泛舟。
——《早发洞庭》方干

君到姑苏见，人家尽枕河。
古宫闲地少，水巷小桥多。
——《送人游吴》杜荀鹤

唯有别时今不忘，暮烟秋雨过枫桥。
——《怀吴中冯秀才》杜牧

清风明月本无价；
近水远山皆有情。
——沧浪亭联

俯水鸣琴游鱼出听；
临流枕石化蝶忘机。
——虎丘花雨亭联

园说

凡结林园，无分村郭，地偏为胜，开林择剪蓬蒿；景到随机，在涧共修兰芷。径缘三益，业拟千秋，围墙隐约于萝间，架屋蜿蜒于木末。山楼凭远，纵目皆然；竹坞寻幽，醉心既是。轩楹高爽，窗户虚邻；纳千顷之汪洋，收四时之烂漫。梧阴匝地，槐荫当庭；插柳沿堤，栽梅绕屋；结茅竹里，浚一派之长源；障锦山屏，列千寻之耸翠，虽由人作，宛自天开。刹宇隐环窗，仿佛片图小李；岩峦堆劈石，参差半壁大痴。萧寺可以卜邻，梵音到耳；远峰偏宜借景，秀色堪餐。紫气青霞，鹤声送来枕上；白苹红蓼，鸥盟同结矶边。看山上个篮舆，问水拖条杮杖；斜飞堞雉，横跨长虹；不羡摩诘辋川，何数季伦金谷。一湾仅于消夏，百亩岂为藏春；养鹿堪游，种鱼可捕。凉亭浮白，冰调竹树风生；暖阁偎红，雪煮炉铛涛沸。渴吻消尽，烦顿开除。夜雨芭蕉，似杂鲛人之泣泪；晓风杨柳，若翻蛮女之纤腰。

移竹当窗，分梨为院；溶溶月色，瑟瑟风声；静扰一榻琴书，动涵半轮秋水，清气觉来几席，凡尘顿远襟怀；窗牖无拘，随宜合用；栏杆信画，因境而成。制式新番，裁除旧套；大观不足，小筑允宜。
——《园冶·园说》计成

琴音

窈窕淑女，琴瑟友之。
——《诗经·国风·周南》

椅桐梓漆，爰伐琴桑。
——《诗经·鄘风·定之方中》

琴为之乐，可以观风教，可以摄心魄，可以辨喜怒，可以悦情思，可以静神虑，可以壮胆勇，可以绝尘俗，可以格鬼神，此琴之善者也。
——《琴诀》薛易简

物有盛衰，而此（古琴）无变；滋味有厌，而此不倦，可以导养神气，宣和情志，处穷独而不闷者，莫近于音声也。是故复之而不足，则吟咏以肆志，吟咏之不足，则寄言以广意。
——《琴赋》嵇康

石语

山无石不奇，水无石不清，园无石不秀，室无石不雅。赏石清心，赏石怡人，赏石益智，赏石陶情，赏石长寿。
——苏东坡

风气通岩穴，苔文护洞门。
三峰具体小，应是华山孙。
——《太湖石》白居易

自许山翁懒是真，纷纷外物岂关身。
花如解语还多事，石不能言最可人。
——《闲居自述》陆游

砂壶

小石冷泉留早味，紫泥新品泛春华。
——梅尧臣

雅燕飞觞，清谈探麈，使君高会群贤。密云双凤，
初破缕金团。
窗外炉烟自动，开瓶试，一品香泉。轻涛起，香生
玉乳，雪溅紫瓯圆。

——《满庭芳》米芾

嘴尖肚大耳偏高，才免饥寒便自豪。
量小不堪容大物，两三寸水起波涛。
粗胚淬火后，把把显峥嵘。
貌似泥为骨，敲之金玉声。

——郑板桥

温润如君子者有之，豪迈如丈夫者有之，风流如词
客，丽娴如佳人，葆光如隐士，潇洒如少年，短小
如侏儒，朴讷如仁人，飘逸如仙子，廉洁如高士，
脱俗如衲子者有之。

——《茗壶图录》奥玄宝

砖砚

缶庐长物唯砖砚，古隶分明宜子孙。
卖字年来生计拙，商量改作水仙盆。

——吴昌硕

清光日日照临池，汲干古井磨黄武。

——吴昌硕

兰影

蜂蝶有路依稀到，云雾无门不可通。
便是东风难着力，自然香在有无中。

——《兰》郑板桥

空谷幽人。曳冰簪雾带，古色生春。结根未同萧艾，
独抱孤贞。自分生涯淡薄，隐蓬蒿、甘老山林。风
烟伴憔悴，冷落吴宫，草暗花深。
雾痕消蕙雪，向崖阴饮露，应是知心。所思何处，
愁满楚水湘云。肯信遗芳千古，尚依依、泽畔行吟。
香痕已成梦，短操谁弹，月冷瑶琴。

——《国香·赋兰》张炎

惟奇卉之灵德，裹国香于自然。俪嘉言而擅美，拟
雅号以称贤。咏秀质于楚赋，腾芳声于汉篇。冠庶
卉而超绝，历终古而弥传。若乃浮云卷岫，明月澄
渊，香气暗拢，清露夜悬，紫茎雨润，绿叶水鲜，

犹群真之会集，譬彤霞之竞然。感幽情之珍赏，狎
迁客之流连。既不慕乎撷采，信无忧乎翦伐。鱼始
涉以先萌，鹎虽鸣而未歇。愿擢颖于金阶，思结荫
乎玉池。泛旨酒之十酝，耀华灯于百枝。

——《幽兰赋》颜师古

蒲植

味辛温。主风寒湿痹，咳逆上气，开心孔，补五脏，
通九窍，明耳目，出声音。久服轻身，不忘不迷或
延年。一名昌阳，生池泽。

——《神农本草经·菖蒲》

莫道幽人无一事，汲泉承露养菖蒲。

——《石菖蒲》曾几

雁山菖蒲昆山石，陈叟持来慰幽寂。

——《石菖蒲》陆游

春荑秋英两须臾，神药人间果有无。无鼻何由识蘼
卜，有花今始信菖蒲。芳心未饱两蛱蝶，寒意知鸣
几蟋蟀。记取明年十二节，小儿休更籫霜须。

——《和子由盆中石菖蒲忽生九花》苏轼

明韵

无事此静坐，一日似两日。
若活七十年，便是百四十。

——《司命宫杨道士息轩》苏轼

王世襄先生在《明式家具研究》一书中有记录"明四家"之一文
徵明的弟子周公瑕，在他使用的一把紫檀木扶手椅靠背上亦刻此
铭文，细细品之，颇有回味。

材美而坚，工朴而妍，假尔为冯（凭），逸我百年。

——刻于万历年间老花梨书桌

云林清秘，高梧古石中，仅一几一榻，令人想见其
风致，真令神骨俱冷。

——《长物志》

古人制几榻，虽长短广狭不齐，置之斋室，必古雅
可爱，又坐卧依凭，无不便适。燕衎之暇，以之展
经史，阅书画，陈鼎彝，罗肴核，施枕簟，何施不
可。今人制作，徒取雕绘文饰，以悦俗眼，而古制
荡然，令人慨叹实深。

——《长物志》

一三三

明韵主义

溯艺解晴 MODERN ART DESIGN

文 灵均草堂

纵观中国文化发展，不难发现，传统文人崇尚的生活方式主张优雅且精致。在中国古典文化思想史中，极其生动地描绘了古代文人对物质生活的种种追求，或者说，那些对物质的欲望和兴趣，对生活日常的选取和爱好，深刻地映衬出人的思想意识和情感追求。文人士大夫推崇清雅之风，素有白瓷煮酒论英雄、青瓷烹茶话隐士的雅趣，并在历朝历代知识分子群体中繁衍出独有的极致神韵。由此，众多制作工艺精美的器具作为独具文化韵味的载体也就应运而生了。明清时期在以苏州为中心的江南地区普遍流行并发展到历史高峰的明式家具，就是这种文化的

明清册 "尘外庐" 厅

载体，这一载体呈现出的低调奢华，不仅是审美趣味的层次提升，更是中国古代文人雅士生活方式的哲学思考。

余英时在《士与中国文化》一书中指出："文化和思想的传承与创新自始至终是士的中心任务。"明式家具的明韵思想向我们展示了中国文人与文化的这种关系。即使在入仕困难的明代，中国的文人从来也没有放弃"传承与创新"。明代，科举路径严密，重重筛选之下的三甲毕竟极少，多数文人常常只落得名落孙山浪迹江湖的下场。但是，新的经济关系和经济结构正在发生，商品流通日趋繁荣，社会风气和社会价值观随之也发生新的变化。一股觉醒的人性解放之风，给文人的精神世界注入了新的生机。徜徉山水，漫步园林，明代文人适时体会到了一种清新的生活情趣——朴质、平易、惬意，是清新、欢快乃至戏谑，这种情趣是对人欲的肯定，对人本身的关怀。他们不再满足于借山水、花鸟聊写胸中逸气，而是开始把自己的艺术与现实生活融为一体，走向了生机勃勃、斑斓多彩的市民生活。从艺术创作中享受文化，从文化生活中创造典雅，他们在物质与精神的"人文"桥梁中，发挥着承上启下的作用，在实现艺术化生活的道上倾注了无穷的兴趣。

明式家具所取得的巨大成就，是蕴涵在物质

中的一种精神升华，是中国文人思想下产生的一种
伟大艺术。

文心如斯——文人思想浸蕴下的明韵

  中国文人推崇"*丹漆不文，白玉不雕。宝珠不饰，
何也？质有余者不受饰也，至质至美*"的审美态度，
明式家具造型纯朴精练、简明生动，其不事雕饰，
强调天然材质美。作为艺术品展现的文化内涵，传
达出江南文人长期津津乐道的"*以醇古风雅*"生活
的意识情怀和审美追求。从美学的意义上讲，明式
家具"古"和"雅"的艺术风格和人文色彩，既是
文人对历史传统的审美总结，又是在文人倡导的所
谓"古制"和"清雅"的文化传统中，孕育产生的
一种新的时代精神。这种时代精神穿越时空，进而
形成直至今日仍给人以超然沁心、古朴雅致之感的
明韵艺术。

  "*云林清秘，高梧古石中，仅一几一榻，令人*

明 沈贞 竹炉山房图（局部） 纸本设色
纵 115.5cm 横 35cm 辽宁省博物馆藏
至质至美的审美态度同样影响到生活茶室中，明代文人
的茶事活动与日本仪式化的茶事完全不同，由于散茶瀹
饮法的确立和简约茶风的盛行，人们并不注重饮茶的程
序和形式，而是把日常生活中的饮茶活动融化进了一种
艺术审美过程和人格修养之中。使若无其事的茶饮包涵
了深邃的精神内容，展现出了无比丰富的文化内涵。山
峰耸立，山岩脚下，丛竹苍翠，清溪湍流，杂树、山房、
水榭、庭院错落其间。山麓间行止，竹房内对坐，实是"高
难绝俗之趣也"。

想见其风致，真令神骨俱冷。故韵士所居，入门便有一种高难绝俗之趣"（明）文震亨《长物志》。文人雅士对这种生活境界情有独钟，这种文化情操的表达和物化精神的倡导，常集中地表现在"燕衍之暇，以之展经史，阅书画，陈鼎彝，罗肴核，施枕簟"等日常生活中，往往显出一种漫不经心和自由自在的情态。"楼上看山，城头看雪，灯前看花，舟中看霞"（明）张潮《幽梦影》，这是一种对"俗"的反制；在"市隐"中对烟尘油滑之气的背道而驰。而经史书画，诗文相和，则是指出在与烟尘背向时的方向——生命的艺术化生活。以此为内涵的"市隐艺术化生活"构成了明代文人的精神之源与表达方式。在寻常生活中，达成一种人与物，人与自己的和谐共处。尤其是江南吴地文人的生活格调和行为方式，居室的布阵设置和器物用具等，提倡"景隐

则境界越大"；一切皆是人生的一种价值趋向，更是学养、智慧、志趣和审美的意识体现，人格外化的一种吐露。

因此，日常起居生活不可缺少的家具，也自然务求简约、单纯、典雅了。明代文人尽力去表现种种脱俗的形体和式样，甚至对一几、一榻或一桌、一椅都提出精致匀称，舒展的造型要求。文震亨的《长物志》中谈到书桌，他说"漆者尤俗"，认为不加松漆，才更清雅；即使是"乌木镶大理石"、"最称贵重"的椅子，也从不滥用，只有"照古式为之……宜矮不宜高，宜阔不宜狭"，才能脱俗而雅。这是明代文人"何如质以传真"（明）章学诚《文史通义》中的取舍；若品味明代文人对日用家具的苛求，诸如"凳亦用狭边镶者为雅"，"藏书橱需可容万卷，唯深仅可容一册"，"天然几以文木如花梨、铁梨、香楠等木为之，第以阔大为贵"，"飞角处不可太尖，须平圆"等的记述时，又不由得赞叹他们的谨严勤笃、精到周详。

"高堂广榭，曲房奥室，各有所宜，即如图书鼎彝之属，亦须安设得所，方如图画"建筑园林是以假山真水营造城市山林，形似私密却能接容天地；陈设用器法自然而穷精致，出神入化而神气互通，可见明式家具的简约与同时期的室内陈设、园林、建筑、环境的风格是协调统一的。文人们之所以独青睐于明式家具，并无止境的去再创造，原因正在于他们欲通过用具来寄寓和沁出自己的心态和灵性，进而传达一种合乎自然天地"至质"的和谐，显露尽善尽美的艺术魅力。

正是这种江南文人坚持的才情和性志，使他们对物质生活中的文化追求更富有使命感。故沈春泽在《长物志》作序中说："夫标榜林壑，品题酒茗，收藏位置图史，杯铛之属，于世为闲事，于身为长物，而品人者，于此观韵焉，才与情焉……"文氏则唯恐"吴人心手日变"，"将来滥觞不可知者"，便"聊

以是编提防之"，写下了《长物志》，让今人也触摸到了古时文人的这份真情实感。这份对生活"长物"的关爱和主张，使得明式家具在文人意识的浸润中，溢出了浓浓的书卷气息，自然形态在文人的意识中转换成了各种构建的形式语言和理性化了的感性形象，也展示出文人理想的艺术个性和鲜明的文化特征。"明四家"之一文徵明的弟子周公瑕，在他使用的一把紫檀木扶手椅靠背上曾款刻了一首五言绝句："无事此静坐，一日如两日。若活七十年，便是百四十。"无独有偶，南京博物院搜藏的一件万历年间苏州制作的书桌，在腿部也刻有一首"材美而坚，工朴而妍，假尔为冯（凭），逸我百年"的四言诗。一桌一椅，展现的是吴地文人在日用家具中倾心的精神趣味，也展现在其文人家具在环境中被安置的优雅风韵。这种艺术化生活追求天然，品味细腻，趋向精神，灵性超脱，令今人向往。

以文入器——苏作家具的文化精神

明代是中国文化、艺术发展的又一盛世，明代的艺术门类丰富，技艺成熟，家具是其比较有代表的一类。宋代家具奠定了垂足而坐的格局，在宋人审美影响下，宋式家具的文士之风初定；到明代中晚期，在明代文人的继续参与下，家具已显现出素雅、简约思想，其形制、工艺、风格特征都已经成熟，达到中国家具历史的巅峰，形成现在广为人知的明式家具。

明式家具的设计、制作中心为苏州地域，故明式家具概念基本等同于苏作家具。苏式家具之所以成为明式家具的典型，主要是因为苏式家具的风格特色反映了更深刻的民族文化中的人文精神。这种精神蕴涵着一种高度智慧的文人意匠和品位高尚的文人气质。从明式家具散发出来的细腻感与艺术感染力中，可以明显看出，这种精神得益于其独特

文化特质的形成，同时也基于当时的家具使用环境和家具使用者。明式家具的形成与当时的社会及地域文化有着密切联系。

明代中晚期正值明朝市井文化的繁荣时期，虽然当时北方社会动荡，但在远隔硝烟的江南地区，人民文化生活富足，文人集聚，他们大肆兴建民居、园林，与此同时家具作为室内主要陈设，需求量大增，苏作家具的设计制作水平在此时达到了高峰，尤其是苏州的私家园林建造。私家园林作为江南独特的一种建筑形式，与当时的社会人文环境有很大关系。当时的文人大都远离政治，作画赋诗聊以寄托，他们在私家园林中唱曲、品茗，私家园林成为文雅之士琴棋书画的文化社交场所。由于许多私家园林的主人本就是舞文弄墨的文人骚客，他们都有着独一无二的生活体味，以及不凡的文人情怀，在建造园林、制作家具中，他们往往亲自出马，按照文人诗书画的审美理念参与园林和家具设计。在这特有的自然环境和文化氛围中，文人精神决定了明式家具的设计风格，明式家具造型取象之中凝结了文人的美学观。文化与思想常常包含着对物质生活的种种追求，文人对物质产品的兴趣和爱好，同样反映着文人的意识和感情。中国的文人惯常以文入器，在传承与创新中赋予情怀，在物质文化的创造中进行着不懈的精神努力。苏作家具，即是这种文化的载体，它们取得的巨大成就，得益这浓厚的人文情怀。可以说是文人造物的思想，给予了苏式家具物质中的文化精神，这正是苏式家具给我们留下的最珍贵的遗产和财富。

文人在造物的过程中，在功能之上讲究内涵，有文人参与的苏作家具不仅是实用器，也是艺术作品，这是文人造物与匠人造物的区别。作为物质产品所体现的精神文化内涵，苏式家具首先是从物体造型中传达出古雅传统、思想和审美观念，以此基础建立的风格与气韵影响了长久以来的家具设计，其造型

明 杜堇 玩古图 绢本设色 纵126.1cm 横187cm 台北故宫博物院藏

晚明 黄花梨方角柜与玫瑰椅
此对方角柜，方方正正，为比较罕见的"一封书"式方角柜，有闩杆，设柜膛。整体方正，设计简约，是明式家具中的永恒经典之一。大柜采用标准的造法，打槽装帮板。柜门平镶独板门芯，自然纹理美观悦目，通体光素无饰，白铜正圆形面叶、合页及镂雕精美的吊牌成为唯一的装饰。面叶、合页与大柜之方正形成互补。这对黄花梨方角柜，见证了家具与饰件之间是互相调剂、平衡的，由此能体会到家具设计者从整体着眼的高超意识。

的纯朴清雅、气韵生动、强调天然材质的审美格调，表现出了强烈的文人的旨趣。这种旨趣或审美意韵，正是以文人津津乐道的"古朴"、"文气"为根本目的的追求。

江南文人的审美品格以及不凡的风骨，造就他们对生活诸事的不妥协，行于野、居于室内皆有讲究。在江南文人的眼里，生活的格调和方式，包括陈设布置、家具器物，一切皆是主人爱好、品性和审美意识的体现。对自己日常起居生活的家具，必求简约、古朴，表现出种种脱俗超然之气，甚至一几一榻都要尽量合乎他们生活的最高理想，所用之物务求气息相通。文人的寄情于物，其独特的文人创造，以宋始经由明，从思想中影响着社会的创造。尤经晚明几代文人的格外发展，苏式家具在传统文化的浸润中获得了人格心灵的物化。从明人高濂的《遵生八笺》到文震亨的《长物志》，再有清人李渔的《闲情偶寄》、沈复的《浮生六记》，我们可以看到，江南文人的生活观即是当时整个社会

的生活观，江南文人的审美影响着社会的审美——寻求现实生活中物质文化的精神开拓，此作为文人的创作动机影响至今。

苏式家具承古融今，这种风格与特色是在文人倡导的文化精神中孕育产生的。从美学的意义上讲，是他们对历史传统审美的总结，是那个时代艺术交融的象征，从文化的意义上讲，是立足江南的先民对民族优秀文化精神的弘扬。苏作家具的造物匠心又是极其精深而科学的，在美好的自然物质材料面前，首先坚持以文入器，这恰恰是人类对于自然物质最重要的态度。从苏作家具中，能感受到一种天然的优雅和简朴的设计理念，构造、选材，文人气韵给家具注入了文化内涵，赋予了家具质朴纯正、简洁明快的艺术秉性和优美形式，使家具蕴涵醇厚的文人气息；明式创造对于使用者而言，似乎更在乎一种文化上的慰藉。

但得精妙——现代设计中的明韵主义

当代艺术家们谈起明式家具，仍然认为那是设计界无可超越的巅峰之一。明式家具已经不仅是一件家居用品，而成为一种文化意象，一种精神追求。王世襄先生将古家具的研究和收藏推至学术化和普及化，伍嘉恩则通过"嘉木堂"，将明式家具审美理念推向全世界的范围。丹麦设计师汉斯·瓦格纳更是借从明式家具中提炼的明韵之美使丹麦家具设计走向了世界。而现代设计始祖包豪斯设计也与明式家具的精髓不谋而合。基本的框架形式，材料的最少使用，简单的几何线条，拒绝装饰的细节，虽然材料不同，设计年代也相差百年，但设计思想中的共同之处一目了然。数十载岁月中，设计界对明式家具艺术的延展持续至今。不仅是瓦格纳再度推出"V"字形椅背的"中国椅"等作品，法国"鬼才"菲利普·斯达克、西班牙"顽童"

晚明 黄花梨玫瑰椅六张成套（左右页上图）

汉斯·瓦格纳 中国椅（右页中图）

汉斯·瓦格纳 V形椅（右页下图）

汉斯·瓦格纳 公牛椅（左页下图）

从框架、形状、比例、纤维等方面可以看出它们都是很实用的椅子，相对较轻并容易移动。而结构部件都清晰可见，家具上没有过多的装饰，视觉的美靠简单的几何形式和空间的相互联系来体现。设计者并没有考虑实体，而是用线和面来围合空间。在二十世纪的欧洲，这样的思维方式可说极端。

杰米·洪雅在内的设计大师都加入了这个行列，明韵主义留给艺术家无尽的灵感和启发。

所谓的明韵主义可以理解为中国传统明式家具设计中的形式、功能和设计原理。而灵感直接或间接源于此的现代家具设计即具有明韵风格的家具。十九世纪下半叶和二十世纪上半叶，现代家具出现材料上的变化和涉及理念的巨大革新，而这场变革与中国明式家具紧密相连，随着西方国家对中国的学习与了解使得越来越多的西方学者认识到中国家具的先进理念以及明式家具特殊的现代感，中国家具因其悠久绵延的历史和其复杂的体系，中国家具本身就证明了设计者和家具木匠在创造和发展家具上存在深远的智慧。二十世纪初包豪斯影响了现代设计的许多方面，家具也是主要的一面，我们并不能确认包豪斯与中国文化之间是否存在直接的联系，但我们可以确认的是他们之间确有间接的关联，尽管包豪斯宣称在设计理念上抛弃了各种传统，可那指的是欧洲传统，而非其他传统，事实上包豪斯家具的思考方法和设计原理和中国宋明家具完全一致，这种文化上的趋同非常有意义，基于这些中国家具在某些重要设计理念上影响了许多欧洲设计师，这点毋庸置疑。

在韦格纳的设计生涯中，明韵主义起着重要的决定性作用。韦格纳理解了意蕴在中国家具里的设计哲学，即"不是把工序变得更加复杂，而是显示

我们双手的能力，赋材料以活力，给家具以灵魂，使我们的作品自然到能使人仅从这种外形而不是其他就能想到它们。"销售最广的韦格纳扶手椅和后来被一些评论家视为最漂亮的椅子，是源于中国椅。这些早期的作品引人入胜，韦格纳干脆把这些早期作品直接冠名为"中国椅"(China Chair)。韦格纳延续这种设计思想，继续这种中国灵感，"V形椅"、"牛角椅"、"Tel Chair"都是划时代的作品。韦格纳的这些设计都有一个显著的特征：独特、舒适、杰出，它们浓烈而又很谦逊的个性能够很自然地和周围环境融合在一起，这是典型的中国气度。

明式家具中折叠设计的原理非常契合现代家具的发展趋势，二十世纪锁定中国折叠的设计过程中出现了大量的创新，奥勒·孔德森设计了"休闲椅14.00"、德汉斯·韦格纳设计了折叠式板椅"No.PP512"、莫根斯·拉桑设计了锁定式折椅、马赛尔·布罗伊尔设计了样板椅"No.B4"等。这些带有典型明韵风格设计影响了西方现代家具设计的走向，直至今日的西方世界多数设计师亦秉持明韵的现代设计思想，明式家具的设计理念已与世界的家具设计理念一致，化为简约素朗、简练概括、舒适舒心。

西方设计界以明韵主义大做文章颇得要旨，作品成功地化为现代，进而推动当代设

汉斯·韦格纳 中国椅

计的深化，在此思潮以及国内文化的回暖下，国内原创家具设计师也纷纷行动了起来。近年的原创家具品牌如雨后春笋，以明韵为源的创新涉及木材、金属、玻璃、石材等，开放的语言使得家具作品呈现丰富的面貌，在中国文化的背景之下家具的创新过程中无一例外均保留了明式家具的核心哲理，对当今社会的人文环境与道德观念来说，仍不失为一种深刻的启迪。中外设计师热衷于以明式家具为原型，进行个人化诠释的行为在今天看来仍充满着某种模糊的时代精神印记的魅力。

具有划时代意义艺术作品，不仅不会被人淡忘，反而成为更多后来者学习和致敬的对象。明式家具造型方正古朴、古雅精丽，符合意境、传神、空灵的古典美学，展现出独树一帜的简练大方，这一审美形式远远早于二十世纪在西方审美系统中出现的简约主义。同时，明式家具所代表的闲情清逸的文人生活，展现出的深居养静、不浮躁的明韵主义思想，又具有超越时空的特质，其艺术风格处处暗合着现代人向往的情意和怡性。

心灵意趣——"三言二拍"的才情别院

《长物志》序曰："几榻有度，器具有式，位置有定，贵其精而便，简而裁，巧而自然也。"言明了室内家具陈设的旨趣。传统工艺不能被束之高阁，随着时间的推移，明式家具融入生活也需要跟上时代的节奏，在这方面，"三言二拍"作为国内以明韵气质为追求的家具品牌，多年坚持不懈；明韵主义风格简洁流畅的造型特点，在"三言二拍"的家具设计中得到了延续。

明代审美之高洁纯粹，境界之幽澹绝尘，厚人文、重意境，乃传统审美又一高峰。现世文人苦苦追寻，梦寐求之，"三言二拍"亦多年沉醉于本土明式苏作家具及相关艺术。通过感知苏作家具的造型艺术乃至家具背后蕴藏的传统审美，以设计之思维，借用明式

明清册"尘外庐" 收藏室

家具简约之结构，重铸细节，力图以现代设计的理念阐述其独有的艺术美感。"三言二拍"以明式家具结合现代的设计语言，营造神妙、悠远、纵深、空灵的视觉效果，再在作品中融入现代人的感情，结合现代的生活方式，打造现代人的心灵意趣。造型取意明韵并依托当代，依形就势，相依相附，构成多变的结构组合，以新路径重新解读明式家具的现代性。"三言二拍"在风格上秉持明式家具之简约，制作上发轫传统苏作工艺，设计之时则倾注于文人精神，延续着明式之美。

"三言二拍"其名取自明代小说，原作反映的是市民阶层的生活面貌和思想感情，借其意，"三言二拍"家具的主张就是将明韵家具推广给现代社会中的市民，从文人阶层拓展到现代市民阶层是其服务目标，亦是对前世明代文化中，艺术回归于生活化理念的更进一步实现。"三言二拍"家具地处江南，即明式家具中的"苏作"之地。只因江南地灵人杰，在各个时代都是文人雅士世出的地方，浩浩荡荡的太湖包孕吴越，润养了江南的风流才气，即使市井匠人也多沾文人雅趣。

曲凳
此时摇摇绝低小，
媚紫得映车闲细。
幸承踏歌罗袜暖，
偶荷细摘春心怜。

明清册"尘外庐" 茶室

明清册"尘外庐" 厅

明代大名鼎鼎的紫砂壶创作者供春便本是一仆从，却凭借文心妙手开启了紫砂壶艺术的大门，此便是不孤证的一例。而明式家具凭借着其特有的空灵意蕴暗合了现代设计精神，其传统文化意向，精神渊源，风雅根骨更是轻而易举地与今人产生超越时空的共鸣，得地域之便亦秉持明韵主义，"三言二拍"的创作可说是沟通古今雅俗的精神桥梁。

　　"三言二拍"赋予了传统明式家具现代功能及设计理念，其倾注的人文精神与美学魅力使基于此的当代创作并不仅局限于形式，除了人文意境，又采西方艺术之研究新意。明式之韵，即是传统文人艺术之韵，其韵空灵至性、至简，彰显了人文关怀的明韵驱动着"三言二拍"持续而满怀激情地写入创作。"三言二拍"的设计，在保留明式家具神韵的基础上通过造型的变化及现代语言的设计转换，加之利用朴素的木材，雅致的本色，造就了新的现代审美；同时，"三言二拍"

又重新以艺术之真诚为出发，灵犀西方艺术之张弛。以当代艺术之活泼，生命对世界的无尽好奇，通过对材料的运用、细节的改变，创造现代人的心灵意趣，让源于明韵主义理念设计而成的家具作品在当代重获了生命与朝气。在"三言二拍"的主持之下，明式家具骨、韵俱在，将现代人文精神和传统的明韵主义思想高度融合后，以艺术的真诚验证，让设计和使用回归到人的朴素与从容。这是形态的回归，也是心态的回归，引导着人的心境向着脱俗本心，艺术化的自由自在处回归，心灵意趣亦是"三言二拍"的才情别院，亦古亦新的设计境界促使着"三言二拍"不懈探索与追求，聚焦着人文之根源，回避了文化间的种种争论，却自得其文化之魂。

　　明韵主义，其意人文，对人最根本的关怀，恐怕才是明韵溯源华夏文明之河时长久的韵脚吧。

灵均草堂／设计师

行方禅椅

禅、石造型结合，运用递进的错觉感营造神妙、悠远、纵深、空灵的视觉效果。相依相附，构成多变的结构组合。

研山卧云

借用明式家具简约之结构，重铸细节，勾勒出太湖石造型的流动飞扬，力图阐述独有的艺术美感。

禅茶一坐

感怀人生有根，其情其味，尽展远离尘世间飘逸洒脱之神韵。以简约的结构参悟心灵的平静，可禅，可茶，是谓禅茶归一。

研山拾珠

文　归云轩主人

2015年3月中旬的一个周末，绵绵的春雨湿润了研山堂的那个小院，坐在小院茶室，透过落地长窗看雨是十分惬意的。然而那日主人青藤先生约茶却不是为了看雨，是因为研山堂的一款新壶问世了。

放在桌上的这款新壶扁圆形状，明接短直流，扁执，壶身上下沿有软棱线，壶盖扁平，盖上用银镶穿旧算珠一粒用作壶滴子，算珠周刻"梅花窗下"四言错金八分书，圈足向壶腹略收，内凹，底款"西园青藤"。

这款壶是青藤先生设计的，因为这款壶的构思源于和青藤先生一次偶然的思想碰撞，故是我非常期待的一款壶。那是近一年前的一个晚上，我们一起在大尤兄的工作室喝茶。那天大尤正好买到了一些散旧的算盘，拆下不少老红木的算盘珠子，我们都拿了一些放在手里把玩。我看着珠子说，这些珠子料子好，老漆皮很亮，这上面刻几个字就更好玩了。一边的青藤先生拿着算珠低头不语，我问他是不是对算珠感兴趣，是不是又想到紫砂壶了。青藤先生也直言不讳，说，这个珠子形状放大了就是一把壶。

晚茶后没几天，青藤先生打来电话，问我是不是真的能在那么小的算珠上刻字，我说："应该没问题，可以尝试下。"青藤在电话里说："如果真的能刻，我跟你合作，设计一把壶。"那以后几天，我就选了一粒算珠，以错金的形式刻了四个字，效果非常好，青藤先生看了说："你动作真快，我得赶紧把壶设计出来。"

从那以后到这把壶的问世，前后近一年的时间，青藤先生告诉我，前后打了几次稿样，设计制作时，要充分考虑到泥料的收缩率，因为壶身大小需要和算珠大小相匹配，算珠只有两三种规格，壶又不能太大或太小，所以只能选好了珠子，再根据珠子的大小配壶身，这是一个非常让人纠结的过程。

好在首窑五把壶顺利出窑了，能在春雨中赏壶品茗更让人惬意，这五把壶分别是"梅花窗下"、"寒夜客来"、"寒泉古鼎"、"草木之间"、"睡余谁共"，这五款算珠上的刻字除"草木之间"是拆"茶"字而来之外，其余都出自古人茶诗中的句子。自古以来，紫砂壶上的铭刻都是刻在壶坯上而后进行烧制的，以木算珠铭刻用作壶滴子的设计，当是前无古人的首创。

紫砂壶的发展离不开当下的流行词——创新，从供春开启砂壶时代开始，陈鸣远以仿生法造壶，陈曼生以书画铭刻点缀，一路走来，让紫砂壶的世界给世人以一个接一个的惊喜以及无穷无尽的美妙体验。而这样的创新，源于对生活的触动，对文化的感思，更重要的是看作者是不是具有触动生活，感思文化的情怀。

情怀源于品质，来自情趣。现在被世人奉为经典的"曼生十八式"就是在一个有品质，

鏡瓦壺　园珠壺　匏壺　百衲壺　合欢壺　半瓦壺

传炉壺　四方壺　井栏壺　乳鼎壺　六方壺　高井栏壺

横云壺　乳釘壺　却月壺　石铫壺　匏蔓壺　吉佺壺

"二泉映月"壺　　　　"研山井栏"壺　　　　"二泉映月"壺

"研山拾珠"壺　　　　"研山石瓢"壺　　　　"枯山瘦水"壺

曼生十八式　研山壺

有情趣的人手中创造的。陈曼生由于对紫砂壶发展的贡献早已被人们所熟知，他是一个官员，他是一个书法篆家，他是一个文化人，但更重要的，他是一个有出色人品的人，他曾多次救济朋友，他为官有所作为但不事权贵。梁恭辰《北东园笔录续编》载：

陈曼生郡丞（鸿寿），以名下士，官南河同知。文采意气倾其流辈。未第时，家甚贫，岁暮，索逋者盈门。有馈以二十金者，计还债仅及三分之一。正在踌躇间，有友人向其告急，其数适与所馈相符，即举以畀之。其妻闻而愀然，颇有怨声。郡丞多方宽解之，语未终，有人叩门，赠以百金者。偿负之外，尚有盈余，郡丞慨然曰："此所谓得帮人处且帮人也。"

又载：

周次立邑候（以勋）宰丹徒时，江浙大旱，所办荒政最好。地处四冲，大吏过境者络绎，供帐饮食率用六簋，不设海味，所费不过二金。当时州县谒督抚，不送门包者，惟次立与陈曼生（鸿寿）两人，虽索亦不应。

就是这样一个朋友眼中的好人，权贵眼中不识抬举的陈曼生，于书法篆刻等艺术之外，在紫砂壶的设计上却文心独具，思如泉涌。"曼生十八式"的设计，大多是在他的文人情怀基础上对生活观察的提炼。传说他设计的井栏壶，就是看见丫鬟在井边汲水，丫鬟的婀娜身姿和井栏质朴的线条触动了他的灵感而成的；他的石瓢壶，是因为从乞丐手里买到了一个古代瓢器而设计出来的……生活中普普通通的见闻和事物，在一个独具文心的人那里，便会创造出美好的事物来。

研山堂主人青藤先生制壶有年，他的每一件作品都是在不断创新中问世的，而这样的创新也往往来源于对生活点点滴滴的观察

惠山泥人

和对传统文人生活内涵的提炼。研山堂最为人熟知的壶是以一把以"枯山瘦水"壶为代表的湖石系列的紫砂壶。"枯山瘦水"壶造型扁平，壶身的层层抬升，犹如数条平行线；俯视又如石破水面形成的层层涟漪，在造型之中显现出某种旋转的运动感；壶盖上缩摹一座孤山以为把手，壶的简练与山的繁复有机结合，壶身的几何线条与孤山的曲折盘桓相互映衬，仿佛是在时空的隧道中穿越漫游。

将赏石文化的精华浓缩在紫砂壶上，体现了青藤先生作为当代平面设计师，将传统文化中两种品类跨界融合的独特设计理念。在这种理念的指导下，研山堂的壶既传统又

现代，既符合传统文人的审美和实用需求，也适合当下时代的崇尚。在这个系列当中，一款"研山柱础"壶还似乎与"曼生井栏"有着异曲同工之妙。这款"柱础"以传统建筑中的柱础稍加变化而来，既敦实又精巧，再配以灵石点缀，让人爱不释手。

青藤先生的另一款"二泉映月"壶也让人印象深刻。这款壶双流圆身，壶嘴方中有圆，取意二泉之方、圆二井，壶身曲线有度，银质提梁简洁流畅，印证皎月，石形盖钮与二泉、明月互相烘托，亦雅亦趣。这款"二泉映月"共有两品，一品素形石盖钮装饰太湖石，另一品为单纯素形石盖钮，青藤先生在这品壶的素形石盖钮上加上了一个小银铃作为装饰，让人意想不到，又连呼绝妙。

"二泉映月"是惠山的名胜，而近400多年来，来此览胜的游人，一定还会注意到惠山脚下龙头河畔那些造型各异的惠山泥人。"装銮"是惠山泥人技法中除手捏、彩绘之外的又一个重要行当，这个行当是专门进行泥人制作所需饰品的制作和装配的，比如武将手中的宝剑、头上的雉鸡翎，小姐手中的花篮等。在紫砂壶上加装饰品，与惠山泥人"装銮"的手法如出一辙，是今人与古人思维的交错，还是对传统文化的传承呢？

多半是借鉴和传承吧，看研山堂的壶，每一款都有着传统文化的元素和精髓。再回到在前几日的那个雨天里的那款新壶，与"枯山瘦水"和"二泉映月"从雅韵文化中提炼而来不同，这款新壶是从"算盘"这个俗文化中设计而来，也运用到了"装銮"的传统手法，更有前所未有的在算珠壶滴上的铭刻。如果要像研山堂的每一款新壶都要取一个形质相符的名字的话，我就给它取名为"研山拾珠"吧。

归云轩主人

雪寒造园

文 华雪寒／朱方诚／单羽

英国植物学家威尔逊曾称"中国是世界园林之母"，现在苏州园林被列入《世界遗产名录》，这在全世界是唯一，人们说"苏州园林甲天下"当是名副其实。联合国教科文组织世界遗产委员会第21届会议指出："没有哪些园林比历史名城苏州的园林更能体现出中国古典园林设计的理想品质。咫尺之内再造乾坤，苏州园林被公认是实现这一设计思想的典范"。这些建造于十六至十八世纪的园林，以其精雕细琢的设计，折射出中国文化中取法自然而又超越自然的深邃意境。

英国人培根在《造园论》中说："文明人类，先建美宅，营园较迟，因为园林艺术比建筑更高一等。"

园林是集建筑、叠山、理水、花木、书画楹联、家具古玩等摆设为一体的综合艺术。

中国古典园林水石景观是我国独特的造园艺术，讲究"源于自然，高于自然"，要求在自然的基础上提炼、加工，将千里江山汇聚于尺幅之间。中国园林水石景观自汉代起历经二千年沧桑，可谓博大精深，古人总结出"山本静水流则动，石本顽树活则灵"的内在规律。明朝著名造园艺术家和理论家计成在其所著《园冶》一书中提出"园不在大而在精"，"虽由人作，宛自天开"，它一直被园林界奉若经典，是人们对园林的最高审美标准。博古园在设计建造中始终遵循这一原则思想。

博古园是用无锡地区传世的古代木雕、砖雕、石雕、字画等文物精品装饰而成的一座私家园林。精选优质太湖石，运用各种传统叠山手法，将山川自然风光融入假山之中，形成风格独特的园林。它的独特在于建筑七个连通的池，构成山水相依，群山连绵之势，比起传统以大水池为中心的形式结构更复杂、奇趣。博古园将七个水池组成不同的水平面，让落差形成的多种流水声变成一曲交响乐，为中国园林增添新的内涵。

华雪寒／古典园林造园专家

点石成园——金匮博古园后记

文 朱方诚

博古园花园位于无锡金匮古邑区金星街道地域，二十世纪九十年代始有房屋初建，为当地幼儿园，占地360m²，2003年归属私人后，由华雪寒先生设计构想，才开始凿池叠山、种树点石，集古建砖石木雕于一园，方成今天之景。

园依宅而筑，分前后二处，中以月门短廊间隔。前园较大，多开池潭约占四分之地，另三分为叠山，三分为平地，后园则小如天井，聊点树石。池分高池、中池、低池、边池，似乎进门而水，隐喻财源广溢。每逢雨日，水涨秋荷，锦鲤舞红，池边涧石水声和音潺潺，十分清雅怡人。临池石山、峰峦有致，皆当地太湖古石，嶙峋诡秘，斑驳苍夷，令人遥想古物今昔，渺渺入梦。大门之首，古砖雕门楼，上书文"垂裕后昆"意为遗福子孙。古朴大观，工艺精湛，进门回眸内门楼，更是气势恢宏，雕刻入微，三屏式门戏文深雕，装饰花纹围绕，两侧垂柱荷花，细腻动人，门头中央书文厚德载福，侃侃自勉。进园后即踏上曲石单栏桥，靠墙边池如一泓清泉，锦自一和影穿梭，临池蜡梅飘香，天竹迎辉，湖石叠嶂，小中见大。主道中间迎面一独立峰石，"瘦漏透皱"兼有，冷峻秀美。后有一株红枫相衬，嫣然自得。至园中央，登临云纹古石桥，环顾四周，步移景换，令人目不暇接。北边一棵古松横

宋 石鼓凳 高48cm

此石鼓凳来源于无锡地区。此凳雕刻精细，代表了当时最好的雕刻水平，可与苏州南宋罗汉寺遗址的三根石雕柱媲美。婴戏牡丹纹是宋代流行的经典图案。这一宋代石鼓凳，为目前中国园林中仅见，是无锡地区珍贵的历史文物。博古园共收藏了三只这种图案的宋代石凳。

斜探出，松下明代青石方桌、宋代遗物石鼓墩组合，煞是令人眼馋。主厅门口龙柏青翠，黄杨盘曲。至东面月洞门相对，桂花、萧竹伴立门两边，门上古砖额书曰："博古园"，点题深刻。集一园古石古砖古木，岂不名副其实。当游人目光右转，映入眼帘的是水榭茶厅，玲珑木窗，一字八扇排开，飞檐雕梁中挂匾名为"听泉"。美人靠栏下湖石涌动，烘托一个石刻吐水龙首，口中清流潺潺，威猛无有而倍觉亲和。水榭左边斜逸一株百年古黄杨。长杆虬枝，直冲蓝天。稀松小枝，疏落碧叶，犹如龙涎唾星散落空中。右边一株女贞，高约数丈，健枝茂叶，覆荫半园，此则园中最大的绿树了。南墙如墙垣高垒，一字屏障，主石峰高耸，状若横岭，流泉穿梭其间，青枫郁盘，奇石峥嵘，碧苔勾勒山涧缝隙，巨石深沟如丘壑大状其观，令人叹服国人之造园之精髓……百年老石，嶙峋瘦骨，支离密裂，一会儿蚯蚓走泥纹，一会儿秃笔生花，如庾开府清新磊落之句；鲍参军俊逸之笔，方知有谢灵运醉山之游，王右军曲水之嬉，方知有晋唐古人的山水之乐。融于江南小园之一隅，何其壮哉。

小城锡邑，有人在当下趋利浮名俗念横生之际，有此惊世之筑，实为故乡之幸。

朱方诚／副教授

不出城郭，能获灵泉之隐

——为钱绍武造园子

文 徐静

　　华雪寒先生是无锡造园者中最具代表性的人物之一，《风尚BOSS》杂志早在5年前就曾拜访与报道过他一手打造的兰雪堂。在这一亩见方的空间俨然是一个叠山理水的小型园林，园内仅有几分方塘，但环水叠石成山，崎岖有致，绿意错落，使人不感单调。临山池建水阁，低凌水面，居高临下，可见锦鳞游泳。静坐片刻，探究流水源头，尺幅天地顿生广远之意境。

　　五年间慕名来兰雪堂参观取经者络绎不绝，华先生也偶有帮助意趣相投的朋友造过八个园子，其中为著名雕塑家、书画家、中央美术学院教授钱绍武先生度身打造的"九松之园"更是堪称经典。

南园北移

　　钱绍武先生出生于无锡，少年时期拜无锡名画家秦古柳先生为师学习传统国画，直至18岁求学北京。虽然常居北京，但文人情怀与江南园林仍是钱老难以割舍的乡缘，每回无锡总喜欢四下觅园逛园，除了最爱逛的杜鹃园和苏州园林，三年前，兰雪堂让钱老与华先生这两个同是痴迷园子的人终于得以交集，在钱老的盛邀下，华先生开始为钱老在北京昌平区中式住宅的园子制作设计图。2013年过年前，钱老来无锡时看到设计图非常开心，当即委托把上下两个层面大小园子一并交给华先生设计建造。

　　想要在气候风物与南方迥异的北方为钱老营造出精巧素雅的江南梦，不是光移植与复制那么简单。首先钱老大园子的格局为8m宽30m长的长条形，这种形制较难布置，而80m²的下沉式小园子，早前已被打造成鱼池，可变性不大，如何在有限的空间内将亭台楼阁、小桥流水，这些看似简单的园林元素，糅合在一起形成独特的美感，要求造园者必须有着丰富的经验和功力。其次，由于气候差异，北方的石头不但没有青苔，树种草木也很有限，几乎有半年时间，城市的绿化都处于枯黄期，这也决定了将江南园林造景的套路直接搬过去是不会成功的。

　　即便困难重重，抱着想做存世之作念头的华雪寒，还是选择接受了挑战，2013年5月1日华先生带着合作多次的工人，前往北京，正式开工造园。大园子以亭子、回廊为主营造空间上的立体层次，让视线豁然开朗，为强调江南园林的基调，亭子构架选择在惠山古镇制作完成，砖雕等在苏州制作完成，品相好、存货多的100多吨太湖石也全部由无锡运过去，并且为了弥补太湖石缺乏青苔的鲜润感，又将水面面积扩大到60%，改由水气去氤氲石头；造园缺不了植物，为使园子能够一年四季葱绿，华先生在当地苗圃选择了松树作为园中一米五土山上的主树种，这九棵从山东移植过去的松树，在当地已经生长了三四年，早已适应了当地的环境，再与200多株常绿的黄杨与园子里自有的竹子一起，形成有层次感的立体绿化，这也是园子名字"九松之园"的由来。

巧于因借

　　巧于因借是江南园林的另一特点，利用借景的手法，使得盈尺之地，俨然大地。借景的办法，通常是通过漏窗使园内园外，或远或近的景观有机地结合起来，有时也远借他之物、之景，为我所有，给有限的空间以无限延仰，使人产生"迂回不尽致，云水相忘之乐"。

　　在九松园中，这种巧于因借的智慧不难看到，利用园子原来的结构，园子的北面华先生并没有选择全部用假山来填空，而是利用九棵松树与墙外小区自有的绿化林形成视

华雪寒在北京九松园施工现场

九松园施工过程

觉上的连绵之感，让园子的宽度得到延伸。同样，对园子的南墙也进行了处理，使园子借景到了南墙外的大树林。为让大小两个园子上下两部分自然过渡，在两个园子的连接处，华先生采用叠石的手法建造了一座壁山，让大园子的水自然冲下，形成山泉瀑布。在假山的风格上，深谙"三匠七主"的华先生，明白园子最终的样子三分靠匠人，七分靠主人，主人的意趣决定着园子的气质，因此选择的都是不带尖角、造型浑厚的原生态的太湖石，完美地呼应了钱老流畅古朴的书法艺术风格。人若居楼中向下望去，园内布局疏密自然，其间有漏窗、回廊、假山相连，园内的亭台、山石、黄杨、绿竹、小桥流水，构成了一幅幽远宁静的画面。整个园林仿佛浮于水面，将风景诗、山水画的意境和自然环境的实境再现园中，江南园林的气息怦然而出。

借由前后历时五个月建造完成的九松园，钱老不出城郭，就能获得江南山水自然的快乐，传统文人的情趣就这样在都市有机地复活了。而对于造园者华先生来说，园林如艺术品，本身就是一种即兴的创作，这样的好园子不用多，一个就够了。

单羽 / 记者

陶语

文 行素

金木水火土，是道家关于天地万物构成的一种解释，世界由这样五种元素组成，所以也可以理解成，当一件事蕴含此五种元素，那么它是自成一方天地的。

制陶就是这样的一件事，我们取土、炼土、糅合微量的金属或沙砾，糅合，与水一同成型，取草木增加其表达和气氛，浴火方能成器。所以制陶，在我看来，自成一方天地。

我时常想，这个世界，存在着很多种在我们所知的发音，文字之外的语言，我们或许也可以称之为某种密码。比如，音乐就是一种语言。它不需要通过文字的再描述，而是直接地传达给你，语言或是密码，明白的人既明白，不明白的摸不着。我曾让一位灵觉非常好的朋友听一段日本奄美诸岛的岛呗古民谣，唱歌的是一个沙哑粗粝的女声，不懂日语的人听来不是歌，只是一些声音符号，我让他听这首乐曲唱的是什么，他听了一分钟不到，就平静地告诉我，这是一首妈妈唱给孩子的歌。我大为惊异，因为这首歌听来毫不温柔恬静甚至伤感和过于幽怨了。但它确实是一首流传的古民谣，演化成了妈妈唱给孩子的"摇篮曲"。朋友告诉我他听到了妈妈在对她即将出外征战的儿子的喁喁细语，

我在那时就想，音乐在那些懂得它们的人耳朵里，就是另一种语言，甚至比语言更直观、更具象。绘画（书法）也是一种语言，我们通过读取作者的表达而感受到作者对于天、人、自然、万物的理解，尤其是中国画，这样的读取更为容易。我们透过这种语言而直接地感受到作者的某种气象，某种感情。

而制器的这种语言就更为立体一些。器物与器物之间，有的隔了数个时代，甚至百年，千年——但器，承载了太多制器人的语言，什么都不用说。当另一位掌握了这种语言的制器人的手触摸到它们，所有排于其上的，沉睡零散的符号会像活了一样站起来，透过肌理、线条、工艺、纹理等与我们对话。比如在上海博物馆参观时，对着那些先民所制的陶罐，我有一种想触摸的冲动，隔着玻璃心中感动。是怎样的心，才会成这样的器？朴拙却鲜活，富有张力，隔着几千年看去，即便放到今天，也是一只极好极好的罐子，简单里蕴含的力量，让人动容。我为自己有幸掌握了制陶这种语言而感到幸福，世界在我面前多了另一重的空间，我用我的器，说我的语言，懂得的人自己懂得领会。

放到自己的作品里，我选择了做生活用器，是觉得它们是最能被用的，被另外的人、另外的手触摸。手连着心，只有那些能被用的东西，才更能传达这种语言，传达温度。而近年来，我也越来越倾向于即兴，不在动手的当下有太多构思，不用构思驾驭泥土，不用构思驾驭自己，而是打开放松，任其流淌，抓住瞬间流过的某一线灵光，抓住泥土当时呈现的语言，顺应，感受，成就。我想它应与绘画、书法、音乐等"语言"的生发形成本身是同一的。陶人的修养在平时，素日生活里的点滴都应是汇进心灵的涓流。这样，才会有话讲。

陶是贴近人的材质，带着大地的丰厚，所以它的变化也是无穷的。它温暖包容无限可能，同时也偶有桀骜难驯，陶人要在自然中寻找更合适的语言去与它建立沟通。它来自田野山川大地，是自然的孩子，所以我要做的只是了解它，感受它，同时我要接纳它的不完美和脾气。可以说在成器的瞬间，恰是因为这样的一种了解与默契，我们一起说好了，去成就某一件器。我们是彼此成就的，不存在驾驭。在哪里继续，哪里停，每一根线条与收止，都是它也舒服了，我也舒服。或许是它借由我的心手而生的天意。

这是我近年来对制陶的感悟，也是对自己的感悟。作为一名陶人，能做的只有越来越放松自己，体会自己，怀着善念的趋向于真与美，体悟自然四时之变化，光阴之冷暖。慢慢放开所谓现实与教化所带来的约束，讲自己的故事，让它不多不少地流淌出自己的语言。经由手的语言，其实来自心，不用说出来，却蕴含更多。

行素 / 陶艺师

文雅与侘寂

——东方器道美学的圆满

文　余赛清

　　闷庐的来客们时常会问及庐中所藏器物的出处与身份，是中国的，还是日本的？但凡示以汉唐之物，观者多会由内产生一种亲近和自豪之感，并视其为正统。倘若告知其为和物者，表情多有疑惑，如看妖孽之花。至于两者之间的着力点和审美价值在哪里，观者却如咬舌根难以言明。私以为这背后更多是受到情绪的干扰，实非理性之辨。

　　人类制造的器物承载着我们的各种理想和文化意蕴，它是人类文明的物化体现。器物在人类社会通常被拿来作为一种身份的象征。中国古人常以器喻人，比如器识、器用、器量、器局、器重、大器晚成、君子不器等等，甚至于我们将身上重要的组织结构都称之为器官，人器关系的重要性可见一斑。这种人器关系归根结底是"天人关系"、"器道关系"哲学关系的综合体现，这种关系是中国古代哲人们最重要的思考命题。

宋 刘松年 卢仝烹茶图 绢本设色 纵24.2cm 横44.7cm

当我们试着去梳理分析中日器道美学时可以发现，虽然同是在汉文明框架之下受着儒释道文化的影响，但因民族性的不同，在思维方式、价值观和审美上面就产生了差异。人类对美的理解和需求是多样的，其中有些是随着本能欲望所产生的，比如繁复绚烂、奢华精致之美，而有一些美则是在人类的思考和反思下产生的，唯有经过人类思考和反思后产生的美，才是代表着人类文化精神高度的审美。其中代表着中华文明的"文雅"之美和代表着日本文化的"侘寂"之美便是这类深层次的审美，而这种美，则是需要我们不断提高自身修养和智慧，以及对生命有所感悟之后才能深深体会到的。

"文雅"与"侘寂"之美虽同时产生于儒释道文化下的汉文明，但两者背后还是有着各自不同的精神追求和文化价值的。如果从东方的器道美学角度来讲，由禅宗和日本茶道发展而来的"侘寂"美学是可以弥补汉唐器物"文雅"有余而朴质不足的审美缺憾的。"文雅"和"侘寂"虽然不是东方审美的全部，

却代表着中日各自的文化精髓。可以说"文雅"是儒家文化的产物，而"侘寂"则更偏向禅道思想的体现，它们以不同的角度诠释着东方人对美的深层次理解。

汉文明作为唯一一个没有断裂的古文明，其中有着它的地域特殊性和历史必然性。在这个自然环境复杂且地域广袤的东方，游牧文化、农耕文化、渔猎文化并存着、冲突着、交融着，在漫长的历史进程中形成一个包容并蓄的东方文明。再加上在这个过程中，自汉文化本体产生的儒家、道家文化和外来的佛家文化之间相互的补充交融，最终形成东方汉文明完整的精神主体结构。

一、"文雅"的中庸之道

从社会发展的客观角度来讲，佛道思想的虚无性有着现实的局限性，选择以儒家作为古代中国现实社会的主体价值体系是有它的必然性的，而"文雅"正是儒家定义和衡量人或事物的标准。

"雅"是什么？它是相对于粗野和流俗

宋代的器物式样婉约文雅

的，但又不同于奢华璀璨，它是对事物呈现出的那种精致且
适度的评价，是介于粗俗和奢华之间的中和含蓄之美。《毛
诗序》中所言"雅者，正也。"何为正？正是中正、标准之意。
"雅"的这一标准是在儒家所推崇的中庸思想下产生的，它
是中国传统文化中对人或事物的衡量标准，我们常将很多事
物冠以其名，如雅事、雅物、雅聚、雅玩、雅趣、雅士等等，
它是美好和高尚的体现。而儒家在模拟自然伦理建立起的人
类社会伦理中，"中庸"是他们解决世间一切关系的究极方
法。何谓"中庸"？"中庸"并不是"中立、平庸"，而是"执
中守正、折中致和"的意思。所谓："不偏之谓中，不易之谓庸。"
中庸之道是一个难以拿捏的度，它是儒家认为解决世间矛盾
的理想之道。从人性来讲，中庸是人性的本源，没有善恶之分。
当我们恪守中庸之道时，所表露出来的即是"文雅"之态。

"文雅"是抽象的形容，无法通过言语形成具象化的表达。
如果要问"文雅"的衡量标准是什么？或许孔子所提出的"文
质彬彬"是它最好的诠释。子曰："质胜文则野，文胜质则史。
文质彬彬，然后君子。"意思是如果人没有修养任其本性，
那势必趋于粗蛮，但过分注重外在的繁文缛节，却又会沦为

清早期 陈鸣远 仿古紫砂簋 宽12.2cm

这件紫砂簋圆角，敛口，仿青铜器兽耳，简洁明了，只取上古时代簋造型中浑厚神秘之感，显得庄重大气。簋身并未雕饰复杂的纹样，只在执耳处略施雕琢，庄重而又典雅大方；腹底饰以平行的瓦棱纹，每一层瓦楞皆微微上扬，层层递增，工艺精密细致。泥质紫褐色，坚挺润泽，表现出浓厚的古意。

浮夸而失去本质。"文质彬彬"原意是对人的品质要求，然而这个标准却同时也延展至人类社会的各个方面，事物的形式和内容达到的和谐适度是儒家追求的理想状态。如果说"质"是先天最重要的客观存在，那"文"就是反映人类精神需求的主观加入。以厨师做菜为例的话，那就是在不影响食材本质的前提下，以适度的烹制方法和加入适量的佐料来让这道菜变得更符合人性的口味，这既让我们远离茹毛饮血的粗蛮，又让我们享受美食的同时不失食材本身的营养和口感。这样感官化的形容或更易于让人理解"文质彬彬"的意味吧！

如果要选择最能代表"文雅"的器物，我想多数人是会选择宋瓷的。宋代是瓷器的时代，以至于外邦以瓷命名中国。宋代是儒释道文化高度融合的时代，佛教在不断受着儒道思想影响的同时，儒家也在积极的吸收

着佛道思想。理性与冷静在崇尚文治的宋代是其审美标准建立的前提，他们反对绚丽浮华的同时，又不甘于平庸和媚俗，在理想与幻想中探索出了一条清雅淡远的道路。这种清雅，这种淡远，是那么意味深长，对后世美学产生的影响可谓深远而广不可计。这时期的器皿比例和尺度几近完美，色调清雅高洁，几乎没有额外的装饰，全凭造型取胜，浑然天成不露痕迹，这种美正是对儒家"文质彬彬"的最好体现。宋代的统治阶级原本就是最高水准的文人群体，他们虽然不是直接制造器物的工匠，但他们对使用的器物有其主观的审美要求，因此代表着宋瓷高度的官窑瓷器，必定是在他们的参与影响之下所产生的理想产物。拥有丰富经验和高超技艺的瓷匠们与这些文人们一同将宋代瓷器推至了后人难以企及的高度，使宋瓷达到了工艺和审美的最高境界。这种审美不仅限于官窑，很多民窑瓷器亦受其影响追逐着这种清淡典雅的风尚。

如果说宋瓷的美学代表着古代中国文人的最高审美标准，那么日本茶陶的"侘寂"美学就是禅道文化的物化体现。其实中国的古陶器原也非常精彩辉煌，在工艺水平上也领先于日本，但它一直仅居中国陶瓷发展史中的一环。从社会的需求和瓷器工艺的快速发展来看，陶器在生活中几乎没有了立足之处，并且陶器所展示的朴质之美，也不是彼时国人们的审美追求。即便到了明代类似陶器的紫砂器，也是向着符合儒家审美的"文雅"方向发展。在这个成熟的瓷器时代，除了一些最基本的日杂之外，没有人再会将陶器深入地研究和发展下去了，陶对于彼时的中国已然成为历史。

二、"侘寂"的超然境界

日本作为汉文明圈的一部分却孤悬于东亚大陆之外，资源匮乏，以及不稳定的地质

结构，使得他们不得不长期与自然斗争，从而致使日本人对日常的生存具有一种无常观，这种危机感使他们有了宿命的观念，并且在内心根深蒂固。而禅道思想帮助他们解决了精神上的彷徨与不安。当然日本多变而丰富的自然美景，使得他们对自然之美更为喜爱，也更注重尊重人与自然的和谐，所以相较于中国精致文雅的瓷器，质朴的陶器更符合日本崇尚自然的审美情趣。当我们在欣赏日本陶艺作品，特别是安土、桃山时代的茶陶时，那种信手拈来的偶得之趣，使人深深感受到一种自然朴质的气息，甚至那些不完美的缺憾，也让人感受到一种枯淡闲寂的禅境之美。正如小山富士评价日本陶艺时说："与其说它是人类的造物，不如说是自然的产物"。日本的陶艺能够深入发展，除了它更符合日本人崇尚自然的美学和禅道思想的作用之外，其中缺乏优质的瓷土资源也是原因之一，另一方面，代表着日本精致文化的漆器也抑制着瓷器的发展，以至于向往精美器物的西方将日本冠以漆器之名，而不是代表着日本文化精髓的茶陶。

也正是日本的这种民族性，使得禅宗在进入日本后得到了快速地融入和发展，同时道家美学也经由禅宗引发的茶道文化而落到大和民族内心的实处。

禅宗又名佛心宗，它不是汉传佛教，又不离汉传佛教，是基于汉文化之下，受到儒道思想影响的我国本土佛教。特别是六祖创立的南禅宗，主张明心见性的顿悟。顿悟是指超越了一切时空、因果、过去、未来，而获得了从一切世事和所有束缚中解脱出来的自由感，顿见本来面目，从而"超凡入圣"，不再拘泥于世俗的事物，却依然进行正常的日常生活。冈仓天心的茶之书中说道："禅对东方思想的特殊贡献，是使得俗世能获得与彼世同等的重视。如果能着眼于事物彼此间更高超的关系，则它们原本是大是小，是

宋 梁楷 六祖截竹图 纸本
纵72.7cm 横31.5cm 东京国立博物馆藏
梁楷是个参禅的画家，属于粗行一派。不拘法度，放浪形骸，与妙峰、智愚和尚交往甚密，虽非僧，却擅禅画。

日本的竹花笼，处处体现着茶道美学

贵是贱，就不再那么清晰可辨：在原子之中，也有着等同于全宇宙的可能性。试图向完美境界迈进之人，也必须要能够从自己的生活当中，发现那由内在所映射出的光芒。在这一点上，禅宗丛林的制度具有非凡的意义。除了住持之外，所有的僧众都要分摊全寺上下的内勤庶务。甚且，外人难以理解的是，地位最低微的弟子，是负责较轻松的任务，而修养最高、身份最尊的师兄们，却要从事最恼人、最卑贱的工作。每天从事这些劳动，是丛林清规的一部分，其中任何最不起眼的环节，无不要求得做到尽善尽美。如此一来，许多在禅学上举足轻重的讨论对话，就于园中除草、厨房剥菜，或是斟茶侍师的时候展开。禅这种从生活中的轻如鸿毛，亦能见重于泰山之处的观念，也可说是整个茶道的中心思想。道家为各种美学理念的基础增添色彩，却是禅学使它们得以在现实中实现。"这段话道明了日本茶道美学的发源。

十五世纪是日本茶道的转捩点，一休禅师的弟子村田珠光开辟了"茶禅一味"的茶道思想境界，形成他自己的草庵茶道，并成为日本茶道的开山祖。草庵茶风的形成也是日本茶道自立的开始。

村田珠光在给大弟子古市幡磨法师的信中如是写到"…此道一大要事，为兼和汉之体最最重要。目下，人言道劲枯高，初学者争索备前、信乐之物，真可谓荒唐之极。要得清雅枯槁，应先欣赏唐物之美，理解其中之妙，其后清雅从心底里发出，而后达到枯高。…"村田珠光所追求的清雅高枯，也是"侘寂"美学思想的发端。同时珠光的观点给当时不明所以而走极端的茶人们确立了唐物与和物之间的审美关系。他认为只有足够体会到唐物的精妙华彩之处后，才能深刻理解清雅枯高的禅境。

珠光的草庵茶道在武野绍鸥的探索之下进一步完善，发展成更为纯粹的"闲寂茶"，而最终将茶道发展成为日本精神文化象征的是在他之后出现的茶道集大成者——千利休。如果说陆羽的贡献是将民间饮茶的习俗规范化、精致化和系统化，那千利休的茶道即是将原先的饮茶文化转化完成为一种修行的方式，并将其引升至道的精神层面。千利休的贡献还不止于此，他还对茶道具的设计制作抱有极

一盏中可窥世界万象

高的热情，对器物的美学提出了更高的境界要求，其中最成功的莫过于在他的指导下由长次郎烧制成的黑乐茶碗，在黑乐茶碗中所体现出来的那种超然的"侘寂"之美安静而有力地触动着茶人们的精神世界，它代表着日本器道美学的最高境界。千利休不仅将这种"侘寂"体现在陶艺上面，他还将它融入到了和茶道有关的漆器、金属工艺、花道以及日常生活的方方面面。

　　寂（わびさび/wabi sabi）究竟是什么？它很难用言语表达清楚，如同生发出它的禅道思想一般，是名可名非常名的。这种美，含蓄退隐一任天然，没有任何矫饰！唯拥有一颗谦逊淡泊之心才能感受和悟得。可以说"侘寂"美学是在禅宗思想的引导和对唐物追崇的反思之下形成的。它在美学形式上和老子所提出的"见素抱朴"的主张是类同的。老子认为器物的美，不是表面的形式和装饰之美，而是一种内在的自然本质之美。而"侘寂"除了它那些深层次的哲学含义以外，它所表露出来的即是自然朴素之美。

　　"文雅"的允执厥中让人心悦诚服，宋

黑乐茶碗
当茶圣千利休发扬草庵茶时，乐烧茶碗的粗糙朴素受到了他的极大重视。由于利休居士极端追求庄重肃穆，所以当时他所督造的乐烧碗也多是黑色；而红色乐烧碗则更受到农民出身的丰臣秀吉推崇。

御釜师宫崎寒雄在他的作品中，将侘寂之美发挥的淋漓尽致。

瓷中形与非形、圆滑与质朴、光亮与暗淡恰到好处的拿捏实在令人惊叹。向往之余不得不为其中的智慧、对道心的感悟钦佩。而"侘寂"那从一举手、一投足中透出的直觉，即使是在最朴素的事中也能透出其深刻的精神力量，在其感悟中成就了道。"文雅"与"侘寂"，这一切融化在器中又该是多么的震撼啊！"文雅"与"侘寂"是一种精神，而这种精神归结于道。万法归宗，内心世界若没有这种精神，又如何能体会到这种深层次的道之美呢？这些充满着哲思的古老东方美学，对于这个科技工业快速发展的现代文明社会来说，它的价值不仅不应该被淹没，反而是更值得我们关注，它能够让我们的精神世界得到安详与平和。

　　"文雅"至极的宋瓷和"侘寂"朴质的茶陶，或许可为东方器道美学作一个圆满的注解吧！

余赛清 / 西神印社副社长

雲濤一樓山
上危梁亂糺
雨石

岛

文 车前子

他是孤独的

下雨了，我们回到车上，雨石摘下眼镜，用餐巾纸擦拭。我看到他的眼睛，雨石的眼睛中躺着另一双眼睛，好像太湖里的岛屿——傍晚的孤岛，草木森然，乌色阿布。

他是孤独的，我想。

一个好艺术家即使朋友遍天下，本质也是孤独。

尤其像雨石这样的，人也英俊，待人也殷切，如果天赋中没有一份孤独，饮饮食食男男女女早把他忙坏了，哪有时间画画，再说还画出好画。

雨石是我见过的在这几年里越画越好的画家。画家画了多年，某一年，突然画好了，"啪哒"一下，灯亮了，花放了，盒盖打开了。这话说起来容易，做起来极不容易，因为其中不仅仅是人力，还有天意。所以我们对某些一辈子没有"啪哒"过的画家、诗人以及形形色色的艺术家都要有耐烦之心。

中国画，说到底还是笔墨问题。笔墨既是技法，又是灵魂。笔墨是一个要画中国画和正画中国画画家的宗教，也是要欣赏中国画和正欣赏中国画观众的宗教。

笔墨是我们的宗教。

一根线是我们的上帝。

一根线怎么就扯到上帝？刚才走神，想到雨石的女儿在德国学画，那里有科隆大教堂，这才扯到上帝。雨石和我们见面的时候，很少给我们看他自己的画，他常常拿出手机，让我们看他女儿作品的图片。雨石的画有柔情，雨石女儿的画有刚心，阴阳在父女之间潜移默化，笔笔生发，生发出好玩的小宇宙。

笔墨是我们的宗教，而有时候几乎成为邪教，这算怎么一回事？比如王羲之、颜真卿，我对他们怀有宗教感情，但有人一辈子在王羲之和颜真卿的窠臼之中，信之迷妄，就很难说他们真信，因为王羲之和颜真卿在他那里已经变成一个人的邪教，与王羲之和颜真卿无关，只是他自己心性痴顽而已。也就是

说，一个人写了一辈子王字颜字，就是乱真，也不能说他就有笔墨。也就是说，现在的无锡人就是画得和倪云林一模一样，也不能说他笔墨高级。王羲之、颜真卿、倪云林，他们笔墨高级因为笔墨是他们的。笔墨因人而异、时过境迁，死无对证和一锤定音，一个人的笔墨与王羲之、颜真卿和倪云林一模一样也是不可能的。这有点像绝情，你要长相忆，他偏偏不回头。

笔墨是因人而异、时过境迁，死无对证和一锤定音的事。一锤子买卖，没有下次。

笔墨不是我们轮上的，笔墨是我们找上的，通过苦劳，找回内心，不期然而然，听到"啪哒"一响。我说这个画家的笔墨不错，不是说他中锋用笔或者屋漏痕或者锥划沙，也不是说他神似黄宾虹或者齐白石，而是说他——在他的笔墨里我见到他的个性和修养。有个性而缺乏修养，笔墨则失之于野；有修养而缺乏个性，笔墨则失之于史；个性与修养相等相洽，文质彬彬，不期然而然，才说得上是笔墨，才说得上是好笔墨。

"史"在这里我有两个意思：一个意思是戏说，把"史"作"历史"讲，只有历史，没有当代，笔墨即使能乱王羲之之真，也算不上好笔墨；一个意思是实话，把"史"作孔子的本意讲，也就是"虚浮"——没有个性支持的笔墨都是无根之物，无根之物当然虚浮。至于不期然而然，这点尤为重要，我们目前美术教育的弊病是过于期然而然了。

我说雨石的笔墨不错。从修养这方面讲，他敛衽于顾恺之的虎头之上捕风捉影；从个性这方面讲，他用缠缠绵绵如云似烟娓娓道来的一根线画出了它的前身。一位大师告诉我，雨石前身，乱世红粉。

车前子/作家、画家

千湖一帆来
梁

画梅琐记

文 章岁青

繁时云锦笔作蝶 世事浮沉亦何妨
影绰芳幽缘造化 冷蕊疏枝因无常

记忆

  城市上空的雾霾与穿梭在城市街道的豪华汽车与幽暗面孔,亦如这时代飘荡的数字与信息流——稍纵即逝;只是二十一世纪的人们还在如西西弗斯般劳作,把自身坚固地嵌入某种特定的社会身份与地位中,并浇铸以钢筋与水泥。在无数的面孔中可分得清哪些是真实的自我?自我的"记忆"又消逝在何处?

  "记忆"是生命自我觉醒的起点,但一般人很少搜寻它。我们急速追赶着向前奔跑而忘掉了自己的文化记忆与节奏,奔跑的原因是社会的标准,但每个生命个体也应有它自己的目标。笔者近来阅读2014年诺氏文学奖得主帕特里克·莫迪亚诺的作品,颇有感触。莫迪亚诺作品中描写的犹太人、无国籍者、飘荡的流浪者等角色(这些都是现代社会的漂泊者),虽生存在处处充满危机的环境中,但仍固执顽强地搜寻着属于自己的记忆;通过这种搜寻把自己的记忆连贯起来,否则一切便如柳絮浮萍飘散零落,这种记忆也是个体生命特殊性的媒介。一个个体在社会中常有很多个人身份认定，年少时的理想会被社会生存的压力遮盖，但是当我拿起画笔的瞬间，我还是愿面对自我，与儿子、父亲、丈夫、教师这些家庭关系与社会职业完全撇开，重新面对少年与青年时代的我——面对依稀尚存的精神自由，描绘心中所爱……

我土生土长在无锡长大，无忧无虑的少年时代是在崇宁路老宅度过的。那时的空气清朗而懵懂，新生路的小馄饨和飘香的鸡子葱油大饼夹杂在记忆的碎片中挥之不去。崇宁路往三凤桥排骨店方向是花鸟市场，小时候我帮曾祖母买猪头肉与馄饨时常会逗留此处。春夏秋冬、花鸟鱼虫，一年四季各有繁忙的光景，记忆就是从这里开始的。

画意

幼年时选择绘画说实话是因为学校课程的无聊，小学与中学都是在无聊中虚度着。无聊唯有的好处就是可以慢悠悠地看着教室窗外的树叶、斑驳的灰墙与屋檐上喧闹的麻雀，然后想自己的心事。这时候，就免不了用铅笔在教科书上任作记录，画那些美丽的面孔和大眼睛。在我记忆中的少年时代，一直觉得手中的画笔是被一种神秘的力量支配着，在观察自然和描绘自然的过程中感受到无穷的快乐。初中时同班有个女生长得非常美，我用"美"来形容，是因为见到她就有柏拉图《斐多》篇中那断翼天使的感觉：当它观照到美的对象而顿时忆起在天界举着羽翼飞翔的日子，懊悔原先的理想已被无情的现实击落。那是我记忆碎片中最幻彩的章节，在放学回家的路上常远远尾随，当夕阳懒散而金色的光芒掠过她的偏黄色的头发时，定格，——那是我最喜欢的画面，好似意大利画家波提切利的《维纳斯的诞生》中阿弗洛狄特在海上无邪屹立着。由此我也明白了为什么长

大以后那么爱看欧洲的电影，这种震颤好像一直躲藏在心底某个角落。何多苓的《雪雁》、《带阁楼的小屋》，画面中的优雅和伤感几乎是我青春期的精神食粮。

后来在南京上大学的时候，我读《波普尔的自传》，当他写自己上幼稚园时被一个失明女孩的大眼睛搅得心烦意乱之时，就让我明白：同情与爱是艺术的某种基础。生活在不同地域、不同时代的人们才能借此相互理解。这让我体味到阅读与绘画那撞击灵魂的力量，在艺术中有着人性的丰富，于是书籍与绘画便成了我长大成人的陪伴。但我一直觉得自己在艺术创作中成熟得较晚，兴许一直没有理清技艺与情感的关系，直到最近两年才有所感悟。艺术中的声音、图像、语言都是生活中生命丰富与多样性的印记，很多人却把丰富简单地理解为物质的富足，甚至把这些生命的朴素与单纯看作是现实生存中无用的拖累，一直把自己生命的记忆抹去，与自身生命隔绝，迷失在各类夸耀的漩涡中。或晦暗或明亮，现实生活总欲意把人推到各式各样的漩涡之中，但也会给人真正认识自我的机会。古今中西绘画艺术之所以存在，便是因为人的精神需要慰藉，情感需要抒发。2005年初春，我在南禅寺朝阳花卉市场停驻在一梅花树桩前，不想这便成了我与梅花盆景结缘的开始。年轻时候的自己看到梅花郁郁葱葱并没有任何感触，或是因为生活还没有准备好情感的素材，但当时间的推移与流逝，经历世事的无常变幻，便会逐渐体味个中滋味。那妩媚的花瓣好像搅起了我记忆中最深刻的思绪，那些曾被现实社会的生存斗争所蒙蔽的生命之美。感谢造物主对我甚是眷顾，借由梅花我又感到了生命的张力，它又重新把我记忆碎片接续了起来，并晓喻了春天的来临。自从那次偶遇，梅花与盆栽就奇妙地嫁接在我的生活之中，每到任何地方我总会鬼使神差地去寻找各类形态较为特别

我用"美"来形容，是因为见到她就有柏拉图《斐多》篇中那断翼天使的感觉：当它观照到美的对象而顿时忆起在天界举着羽翼飞翔的日子。

波提切利《维纳斯的诞生》

的植物，由而乐此不疲。记忆旅程或缓或急，花开花落白渡舟。

疏梅

梅花在中国文化历史中亦有记忆和谱系。古人追求生活的情趣，并自始至终与自然相协调和呼应，文人墨客也曾为梅倾倒，笔墨丹青为其谱写，可谓华光溢彩，各显风流。

梅花作为历代诗人与画家笔下抒情之对象，早在殷商时期便有记载。《书经·说命》记："若作和羹，尔惟盐梅"；先秦《诗经·小雅·四月》中有"山有佳卉，侯栗侯梅"。唐代，李白、张谓、李商隐等诗家皆有咏梅之作，其中尤以杜甫的"冷蕊疏枝"四字最为写神。宋元时期，梅花诗词文化堪称鼎盛——《全宋诗》收录的咏梅题材诗有 4700 多首，词有 1120 多首。汉晋魏乐府《梅花落》，唱奏流行，多以表时令、抒胸臆；画家王冕创画梅的"繁梅"技法，又在《墨梅图》题诗"不要人夸颜色好，只留清气满乾坤"，以梅花精神喻名节；明清至民国，梅花诗词文化亦有延续，徐渭、唐寅、金农皆有名篇。"大清三杰"之中最爱画梅花的彭玉麟，据说他曾有一位名字中含"梅"字的恋人，如《诗经·召南·有梅》中所云，"摽有梅，其实七兮！求我庶士，迨其吉兮……"，待嫁少女梅喻妹，彭玉麟也如待恋人般唯嗜画梅、咏梅、种梅，并终其一生。

同时，盆景艺术亦源于中国。中国盆栽以 1973 年浙东余姚的河姆渡文化遗址出土的"万年青盆栽"陶块盆栽图像为证，可推至 7000 年前的新石器时代。"盆景"是中国传统艺术门类之一，被誉为"缩龙成寸"、"小中见大"，其所谓"一峰则太华千寻，一勺则江湖万里"。它来源于自然，顺乎自然之理，又巧夺自然之神工，古朴嶙峋则葱翠劲健，清丽茂密则潇洒清秀。在盛唐时，日本"遣唐使"到中国学习文化之余，也曾把中国盆栽带到了日本，后世逐渐发展出一支日本盆景艺术"文人树"。"文人树"那弯曲扭转的树干和强劲有力的枝条，无不着意于展现经大自然风刀霜剑磨砺而出的简洁精炼的姿态及其耐人寻味的树干品位。日本文化特征简约，其短诗、俳句、能乐、绘画都意图创造出"幽玄"的精神世界，幽静玄妙，深奥而令人回味无穷，此亦合于道也。而中国盆景艺术的代表之一，岭南地区流传已久的"素仁格"亦合此道，"素仁格"从一个树枝的造型创作来展现树的独特姿态，在线条舞动及空白和余韵的经营中让人意会眼睛看不到的事物。盆景之艺中透露着艺术的高妙和生命的坚忍，日本盆艺大师小林国雄曾说："每当我在园中的茶室'无穷庵'中与文人树相视而坐时，就能体味到人活于世的价值观与永葆青春的生命尊严。"

其实，日本的文人木也好，中国的"素仁格"也罢，虽然它们在树种和树形上有差异，但蕴藏其间的、追求崇高理想、陶冶高尚情操的精神不正是人类的本性吗？从这个意义上来说，中国的"素仁格"和日本的文人木都有着相同的精神追求。

拈花

纵观西方文化，其文化根源犹太人的《圣经》与东方的佛教典籍《五灯会元》亦有交汇。其点在于对生命的刹那感悟，圣经有云："你看山野之百合，今日尚存而明日不复——但所罗门在最荣华时所穿戴的还不如它"。而佛教则以"拈花一笑"之典故警醒世人，生命只在呼吸刹那间。《五灯会元》卷一中，世尊于灵山拈花示众，是时众皆默然，唯迦叶尊者破颜微笑。世尊曰："吾有正法眼藏，涅槃妙心，实相无相，微妙法门，不立文字，教外别传。"

西方的人文与理性主义传统的基点在于认识人的有死性与局限性，过程的不同及最终结局的相同。两河流域最古老的长篇文学作品《吉尔伽美什》所探讨的母题——死亡与永生，从死亡出发推导如何生活。为有形事物而工作实在是人生之悲哀，文化因为对死亡的思考而产生了现代西方的生活与艺术的态度。日本和歌圣手纪贯之曾写道："世间人心巨测，未如家乡花卉芳香如故"；湖畔派诗人华兹华斯写："人世俗务过分繁重；起早摸黑挣钱花钱……我们丢弃了自己的灵魂和我们的天赋。"现实社会忙人忙事，皆以效率为重，又以成功作为标杆；但艺术所立足之处却不是人的外部世界，而在乎于内心。文化是社会个体与群体生活的某种尺度，即人可以按照这一种或那一种尺度来安排生活。把诗性与散文带入个体的生活却是我们东方文化面对生命生活时的特征。世尊于拈花的诗性与超脱的归一，正如疏枝冷梅的霜寒自立与幽韵；而孔子对水的美德的引述和对玉的认识，就像儒家的道德生活是一种对界限恰到好处的认识；梅花有冷蕊幽韵，而栽在

有界的盆栽中，恰如把散漫的诗性根植在身边举手投足的生活中。切实的人生之界中，东方的意蕴对镜自照，在界内、界外的关照，我们才得以体验自身生命切实韵味。

后记

梅花与无锡是有缘的。相传明代寒士龚勉，世居无锡跨塘桥下，某年除夕走到东门绿萝庵，放眼所见几树绿萼与宫粉，由尔感慨曰："柴米油盐酱醋茶，般般都在别人家，今朝大年三十夜，绿萝庵里看梅花。"因东门有绿萝庵，南门有妙光塔，所以北起东门吊桥，南至槐古新村的一条路即名绿塔路。绿塔路、老宅所在的崇宁路与我现在居住的东门都抬步可探。

"影绰芳幽缘造化，冷蕊疏枝因无常。繁时云锦笔作蝶，世事浮沉亦何妨？"冬季来临，笔者眼见自家楼顶阳台梅花疏影，看新红点绿，整装欲发；便拈笔作歌，画梅写性，自语情事。古来与梅结缘者颇众，吾辈后学亦仰慕先贤之道，勉而后进尔。

章岁青／画家

折梅逢驿使

寄与陇头人

江南无所有

聊赠一枝春

——陆凯

颠覆太湖石中的病态美

文 艺术财经

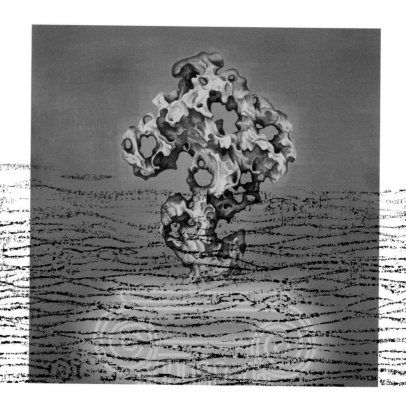

王长明是一个文人，一个生于二十世纪六十年代、几十年都不曾离开无锡老家的现代文人。他自幼受中国传统文化的熏陶，并深得其中意境。自二十世纪八十年代中后期起，他结合当时盛行的古典主义和超现实主义画风，把江南正在变迁中的物景留在了画布上。远去的水乡、萧瑟的街景、斑驳的器物……这段难以割舍的记忆，安然、静默地控诉着精神让位于物质所付出的惨重代价。随着社会经济的飞速发展，全国各地面临着拆迁的困境，王长明所关注的江南遗存好像在一夜之间丧失了，曾经可以入画的东西随处可见，现在取个景要坐车去很远的农村乡镇。环境和心境的改变，使王长明厌倦了数十年来对文人语境的追溯，以2003年在全国数城市的个人画展作为结束。之后他找到了直指自己内心的符号——太湖石。

幼时的王长明对太湖石是恐惧的，他回忆起曾经在自家院子里和小伙伴躲猫猫，本就情绪很紧张，担心被发现的他总是在回头或转身时，突然发现太湖石像骷髅一样立在那里，他对太湖石难以名状的特殊情感大概就是从那时开始的。几百年来，人们所理解的太湖石是中国文人气质和骨性的象征，其形态和质感被赋予如此之高的精神特性，与中国人的审美有着必然的联系。但在王长明眼里，人们所认为的太湖石的美，是一种不正常病态的美。宋代米芾曾以"漏、透、瘦、皱"

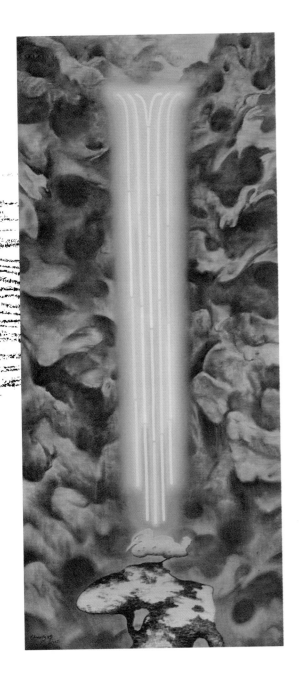

布面油画
205cm×90cm

布面油画
205cm×90cm

的标准来定义太湖石的优劣，王长明觉得这恰恰体现了文人心理上的扭曲，那种不得志却佯装体面、文绉绉的纠结感，在文化情感上与太湖石的物理性质相贴合。延伸到社会意识形态上，这种扭曲所指向的是当下人们对中国传统文化的肤浅认识、对西方的盲目模仿等等，很多大家趋之若鹜、看似很美的社会现象，其根本上是违背人性的、丑陋的。王长明早期的太湖石绘画作品是现代社会中典型的文人画，但他本意并不在于延续这种形制，而在于颠覆它。在这些灰暗色调的太湖石里，隐约可见或狰狞，或惶恐，或悲泣的神态各异的人脸。

2007年，王长明从无锡来到当代艺术的前沿阵地北京，这里的氛围对他的创作产生了很大影响。在这之前的创作，他是希望通过太湖石所饱含的繁复细节婉转地带出一个收缩、紧张、纠结的情绪。玩久了他发现，把弄文人图示、并试图在把弄中重塑新的艺术语言注定是徒劳的，研究中国传统文化，跟样式上的突破并没有直接关系。2010年，霓虹灯——这个艳俗商业文明的标志，作为新的元素进入到他的绘画里，这个代表商业机制的符号跟代表文化机制的太湖石并置在一起，形成一个新的形态，就像栗宪庭所说，这是一个很滑稽的现象。这个新的形态不含褒贬，只是反映当下社会给人的直接印象。王长明试图让画面看起来协调，但正如人们每天所面对的，总会感觉有某些不适。尽管现代文化人对社会有一种被迫的认同感和服从感，但由此产生的内心深处强烈的不适感，才是人们精神的主导。霓虹灯和太湖石在同一个画面中看似相安无事并无冲突，是王长明有意为之，正如他说的，文人对社会的干预是有限的，作为艺术家，表达这个只允许有限干预的现实便已足够。

回到绘画本身，1985～2000年，王长明执着于超现实主义风格的绘画；2003年开始对太湖石"兼工带写"的描绘；2010年霓虹灯为他的绘画增加了线描的元素——因为在王长明看来霓虹灯只是发光的线条。霓虹灯系列作品最早的创作源于2009年，王长明受邀参加一个大型当代艺术展，策展人希望其创作一件包含江南元素的、有突破的装置作品。当带有霓虹灯的装置效果图出现时，就注定了霓虹灯在其油画作品中不可缺席的地位。在此后的创作中，他不断在太湖石里发现精神和物质的冲突，八大山人作品中的鸟也作为被消解的图示，一些公共人物如领袖像、佛像、梦露、迈克尔·杰克逊、自由女神等被树立在太湖石上，同时，太湖石也成为样板戏、罗马柱、肉身、丝袜、情趣内衣、五角星、蝴蝶、桃花、丘比特等文化符号的载体和平台。王长明的画面形式也是多样的，包括庄重的条幅型、无边界的圆形、分割型、拼接型，每种形式与内容的结合，都是一种现象的投射。

在相对保守的江苏一派艺术家中，王长明突破了长久以来因为历史积淀而形成的优越感，用他自己的话说："介于种种原因我们的当代艺术得益于西方人的关注，理所当然话语权掌握在西方人手里，故他们提供的是一个极其尴尬的平台——单边的价值标准取向。中国传统文化是需要被激活的，很多艺术家都在做着激活的工作，但这种激活需要一个过程，并非胡乱套用中国图式语言。"

布面油画
100cm×100cm

布面油画
100cm×100cm

布面油画
100cm×100cm

布面油画
100cm×100cm

布面油画
100cm×100cm

布面油画
100cm×100cm

布面油画
155cm×155cm

布面油画
155cm×155cm

陈原川
副教授 / 设计师

　　江南大学设计学院副教授、硕士生导师，曾任江南大学设计学院视觉传达系主任，现为设计学院平面设计与汉字、图形设计工作室主任。长期致力于平面设计，文字、图形创意，明式家具，紫砂艺术与传统文化研究设计工作。

　　创立"三言二拍"家具、"研山堂"紫砂原创设计品牌。"三言二拍"中国之家主要致力于明式家具研究及现代中式家具的创新设计与推广，制造实用、艺术于一体的明韵实木家具，社会影响广泛。"研山堂"致力紫砂与文人赏石的结合研究，系统创作江南及中国文化典故情怀紫砂艺术作品，专利系列产品"研山壶"颇得文人审美趣味。

枯山水是缩微式园林景观，多见于小巧、静谧、深邃的禅宗寺院。在其特有的环境气氛中，细细耙制的白砂石铺地、叠放有致几尊石组。枯山水要在"方寸之地幻出千岩万壑"，面对枯山水，你可冥想世上万物万事，一石则太岳千寻，一庭则江湖万里。在尺寸之地展现天地之浩然，用极端简约与抽象的方式自悟。

"枯山瘦水"壶

无锡惠山泉称为"天下第二泉"，这来自唐代茶圣陆羽的评定。古代的惠山一带多泉，有记载的泉眼不下三四十个，今天的许多泉池内，还有雕刻精美的石刻螭吻。阿炳的名曲《二泉映月》又拉响了二泉在现代的知名。《二泉映月》虽不为二泉而创作，却大有"惭君此倾听，本不为君弹"的哲意况味。

二泉映月壶

江一园石
峰林令
湖则水人
太石古
华最
千不水
万寻可令
里一无人
则勺远
则

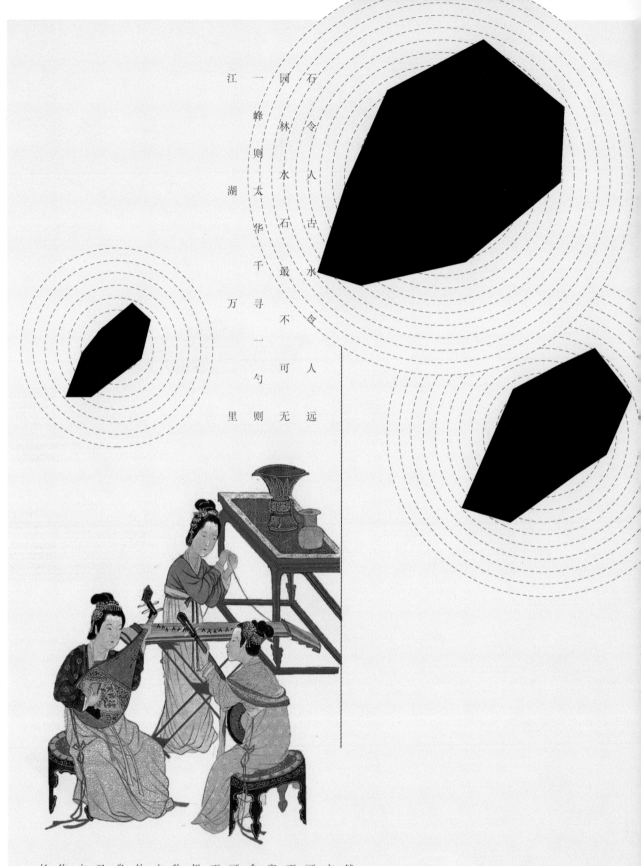

长 物 本 乃 身 外 之 物 饥 不 可 食 寒 不 可 衣 然

则 凡 闲 适 玩 好 之 事 自 古 就 有 雅 俗 之 分

图书在版编目（CIP）数据

走过江南/陈原川主编. —北京: 中国建筑工业出版社，
2015.12

（人文系列丛书）

ISBN 978-7-112-18575-7

Ⅰ. ①走…　Ⅱ. ①陈…　Ⅲ. ①家具 — 鉴赏 —中国 —
明清时代　Ⅳ. ①TS666.204

中国版本图书馆CIP数据核字（2015）第248960号

整体策划：陈原川　李东禧
责任编辑：李东禧　吴　佳
艺术指导：陈原川
顾　　问：徐陵君
版式制作：薛雷奇
责任校对：姜小莲　关　健

人文系列丛书
走过江南
陈原川　主编
＊
中国建筑工业出版社出版、发行（北京西郊百万庄）
各地新华书店、建筑书店经销
北京美光设计制版有限公司制版
北京顺诚彩色印刷有限公司印刷
＊
开本：787×1092毫米 1/16　印张：12　字数：277千字
2016年3月第一版　2016年3月第一次印刷
定价：108.00元
ISBN 978-7-112-18575-7
　　　　（27753）